高等职业教育智慧农业系列规划

Linux 操作系统应用基础教程

主　编　谭春茂　李　嘉

副主编　王兴旺　邰光玉　彭　礴

四川大学出版社
SICHUAN UNIVERSITY PRESS

图书在版编目（CIP）数据

Linux 操作系统应用基础教程 / 谭春茂，李嘉主编 .
成都 ：四川大学出版社，2024. 12. -- ISBN 978-7
-5690-7486-4

Ⅰ．TP316.85

中国国家版本馆 CIP 数据核字第 2025P2X233 号

书　　名：Linux 操作系统应用基础教程
　　　　　Linux Caozuo Xitong Yingyong Jichu Jiaocheng
主　　编：谭春茂　李　嘉

选题策划：李金兰　王　睿
责任编辑：王　睿
特约编辑：孙　丽
责任校对：周维彬
装帧设计：开动传媒
责任印制：李金兰

出版发行：四川大学出版社有限责任公司
　　　　　地址：成都市一环路南一段 24 号（610065）
　　　　　电话：（028）85408311（发行部）、85400276（总编室）
　　　　　电子邮箱：scupress@vip.163.com
　　　　　网址：https://press.scu.edu.cn
印前制作：湖北开动传媒科技有限公司
印刷装订：武汉乐生印刷有限公司

成品尺寸：185mm×260mm
印　　张：15.5
字　　数：415 千字

版　　次：2025 年 2 月　第 1 版
印　　次：2025 年 2 月　第 1 次印刷
定　　价：65.00 元

本社图书如有印装质量问题，请联系发行部调换

四川大学出版社
微信公众号

前　言

目前，在商用的服务器领域，有三种流行的操作系统——Linux、Unix 和 Windows。Linux 是一套免费使用且开放源代码的类 Unix 操作系统，它基于 POSIX 和 Unix 标准，支持多用户、多任务操作，并且能够处理多线程和多 CPU 环境。

随着互联网行业的飞速发展，云计算和大数据等新兴产业迅速崛起。作为基于开源软件的平台，Linux 在这些领域中占据了显著的核心优势。据 Linux 基金会统计，86% 的企业已经使用 Linux 操作系统进行云计算、大数据平台的构建。目前，Linux 正逐渐取代 Unix 成为最受青睐的云计算和大数据平台操作系统。

本书主要介绍 Linux 操作系统的使用基础，教程中的演示案例主要基于 Rocky Linux 8.8，同时也会涉及其他版本内容。全书共包含 12 个任务，内容涵盖了初识 Linux 及系统安装、Linux 命令基础和使用帮助、文件目录管理、文本处理及 vim 编辑器、用户和组的管理、文件目录权限管理、文件打包与压缩、磁盘及文件系统管理、软件包安装与管理、Shell 脚本基础、进程管理及计划任务、启动流程及服务管理。每个任务都详细讲解了基础理论和典型范例，旨在由浅入深地将理论与实践相结合。

本书是一门实践性和应用性极强的教材，适用于软件技术和计算机网络技术专业的学生。本书以就业为导向，结合职业教育学生的学习情况设计教材内容和实践环节，引导学生在实践中学习，在学习中实践，激发学生的主动性和创造性。本书的主要特色和创新点包括：

1. 根据相关职业岗位的能力要求，采用循序渐进的任务教学方式组织编写。

2. 以典型工作任务为载体，以学生为中心，培养学生的动手能力。

3. 凯捷咨询（中国）有限公司运维工程师指导岗位典型工作任务的编写，发挥了校企合作共建教材的作用。

本书由上海农林职业技术学院谭春茂、上海农林职业技术学院李嘉担任主编，上海农林职业技术学院王兴旺、上海农林职业技术学院邰光玉和凯捷咨询（中国）有限公司彭礴担任副主编。具体编写分工如下：任务 2 至任务 7 由谭春茂编写，任务 1 和任务 10 由李嘉编写，任务 8 由谭春茂和李嘉共同编写，任务 9 和任务 11 由王兴旺编写，任务 12 由邰光玉编写，彭礴负责提供企业案例，谭春茂和李嘉负责统稿和初步修订。

由于编者的认知水平和实践经验有限，书中难免存在不足之处，恳请广大读者不吝指正。

编　者

2024 年 9 月

目　　录

任务 1　初识 Linux 及系统安装

◆ **任务描述**

本任务主要介绍 Linux 操作系统的发展历史，Linux 操作系统的基本结构，Linux 的内核、发行版的相关知识以及如何选择发行版，如何在 VMware Workstation 环境下安装 Linux 操作系统。

◆ **知识目标**

1. 认识 Linux 的功能、系统的基本特点和基本结构。
2. 认识 Linux 内核及内核功能，认识什么是 Linux 发行版。
3. 认识虚拟机环境。

◆ **技能目标**

1. 具备能够根据生产环境选用合适的 Linux 发行版的能力。
2. 具备安装 Linux 操作系统的能力。

◆ **素养目标**

1. 学习开源思想，增强共享意识。
2. 了解 Linux 的发展历程，培养科技创新精神。

1.1　Unix 与 Linux 来源

计算机系统由硬件和软件组成，而操作系统是最为核心的软件。目前，所有的计算机都需要操作系统的支持才能正常使用。操作系统负责协调和管理各种应用软件，各种应用软件都需要的一些通用功能，如用户管理、进程管理、资源管理、文件管理、设备管理和网络管理等，均由操作系统来实现。当然，理论上操作系统不是必需的，早期的计算机是没有操作系统的，应用软件都是直接运行在硬件基础之上，这带来了很多问题，比如软件和硬件密切相关，同一个软件在某台计算机上能运行，但在另一台计算机上可能将无法运行。或者，一台计算机上同一时间只能运行一个应用软件，计算机利用效率很低。基于以上原因，在 1956 年，鲍勃·帕特里克(Bob Patrick)在美国通用汽车公司系统监督程序(system monitor)的基础上，为美国通用汽车公司和北美航空公司在 IBM 704 机器上设计了基本的输入/输出系统，即 GM-NAA I/O，成为历史上记录的最早的计算机操作系统。

目前，在商用的服务器领域有三种流行的操作系统：Linux、Unix 和 Windows。21 世纪初期之前,如果有关键任务应用软件需要零停机时间、弹性、故障切换和高性能的操作系统,但又不想采用昂贵的大型机,Unix 是首选解决方案。但 2010 年后 Unix 明显走入衰落。据统计,2014 年第一季度 Unix 销售额合计 16 亿美元。到 2018 年第一季度,Unix 销售额仅 5.93 亿美元。而在服务器领域,Windows 基于诸多原因一直处于从属地位。近年来,互联网产业的迅猛发展促使相关产业形成并快速发展,如云计算、大数据等,作为一个基于开源软件的平台,Linux 占据了天然的核心优势。据 Linux 基金会统计,86% 的企业已经使用 Linux 操作系统进行云计算、大数据平台的构建。目前,Linux 已开始取代 Unix 成为最受青睐的云计算、大数据平台操作系统。

早期的计算机系统中没有作业系统,后来为了方便管理,有了多任务处理系统。在 1960 年初,麻省理工学院开发了 CTSS(Compatible Time-Sharing System,兼容分时系统),其目的是可以让大型主机通过提供数个终端机以连线进入主机(目前仍有一些企业在使用该模式,即常见的瘦客户端模式),CTSS 可以说是近代操作系统的始祖。CTSS 实现了多个使用者在某一时间分别使用 CPU 的资源(实际上就是 CPU 在各个使用者的工作之间进行切换),但问题在于,这些终端机仅具备输入、输出的功能,不具备任何运算的能力,并且一台主机所能支持的终端数量也是有限的(30 个左右)。当使用者过多时,需要排队使用计算机系统。

于是在 1965 年,由麻省理工学院、贝尔实验室和通用电气公司共同发起了 Multics 计划:让大型主机可以达成提供 300 个以上的终端机连线的目标。可惜,由于 Multics 计划所追求的目标过于庞大和复杂,最终以失败收场。到 1969 年,由于计划进度落后,加上资金短缺,贝尔实验室宣布退出该计划。不过 Multics 系统最终还是由麻省理工学院和通用电气公司合作完成,不过此时已经没法再"一石激起千层浪"了。相较于 Unix,Multics 的使用率并不高。Multics 计划的成果没有给业界带来多大的影响,不过这个过程中培养了许多优秀的人才,这些人也在后续 Linux 的演进中起到了非常重要的作用,比如肯·汤普森(Ken Thompson)。

1.1.1　Unix 的历史

Unix 操作系统由肯·汤普森和丹尼斯·里奇(Dennis Ritchie,C 语言之父)发明,它的部分技术来源可追溯到 1965 年开始的 Multics 计划。

以肯·汤普森为首的贝尔实验室研究人员于 1969 年完成了一种分时操作系统的雏形,1970 年该系统正式取名为 Unix。根据英文前缀 Multi 和 Uni 就能明白 Unix 的隐意。Multi 是"大"的意思,大且繁;而 Uni 是"小"的意思,小且巧。这是 Unix 开发者的设计理念,这个理念一直影响至今。

肯·汤普森当年开发 Unix 的初衷是运行他编写的一款计算机游戏"Space Travel",这款游戏模拟太阳系天体运动,由玩家驾驶飞船,观赏景色并尝试在各种行星和月亮上登陆。他先后在多个系统上试验,但运行效果不甚理想,于是决定自己开发操作系统,就这样,Unics 诞生了。

1970 年起,Unics 系统在贝尔实验室内部的程序员之间逐渐流行起来。1971—1972 年,肯·汤普森的同事丹尼斯·里奇发明了 C 语言,这是一种适合编写系统软件的高级语言,它的诞生是 Unix 系统发展过程中的一个重要里程碑,宣告了在操作系统的开发中,汇编语言不再是主宰。

汤普森与里奇合作,里奇撰写 C 程序语言后,再以 C 语言改写汤普森的 Unics,最后编译成一套作业系统,此系统就被称为 Unix 系统。由于使用 C 高阶程序语言撰写,人们很容易看懂程序码,因此改写、移植程序就变得很简单。

到了 1973 年,Unix 系统的绝大部分源代码都用 C 语言进行了重写,这为提高 Unix 系统的可移植性打下了基础(之前的操作系统多采用汇编语言,对硬件依赖性强),也为提高系统软件的开发效率创造了条件。可以说,Unix 系统与 C 语言是一对"孪生兄弟",具有密不可分的关系。

1.1.2　Linux 的由来

Linux 是一套免费使用和自由传播的类 Unix 操作系统,是一个基于 POSIX 和 Unix 标准的多用户、多任务、支持多线程和多 CPU 的操作系统。它能运行主要的 Unix 工具软件、应用程序、网络协议,并支持 32 位与 64 位硬件。Linux 继承了 Unix 以网络为核心的设计思想,是一个性能稳定的多用户网络操作系统。

Linux 内核(操作系统的核心部分)最初是林纳斯·托瓦兹(Linus Torvalds)在赫尔辛基大学读书时出于个人爱好而编写的,当时他觉得教学用的迷你版 Unix 操作系统 Minix 太难用,决定自己开发一个操作系统。最初的 Linux 内核仅有 10000 行代码。

Linux 的开发目标是提供一个完全开源、免费、可定制的操作系统,使得更多人可以参与其开发和使用。Linux 借鉴了 Unix 和 Minix 的许多设计思想和技术,如文件系统、Shell 命令解释器、分时段系统、网络功能等,但也有许多创新,如内核模块化设计、虚拟文件系统等。

随着时间的推移,Linux 逐渐得到了广泛的应用和发展。1992 年,GNU 项目的创始人理查德·斯托曼(Richard Stallman)发布了 GPL 许可证,宣布 GNU/Linux 以及其他软件的代码可供自由使用、修改和发布。这极大地促进了 Linux 社区的发展和成长,吸引了更多的程序员参与其中,使得 Linux 变得更加强大和普及。

林纳斯·托瓦兹没有保留 Linux 源代码的版权,公开了代码并邀请他人一起完善 Linux。与 Windows 及其他有专利权的操作系统不同,Linux 开放源代码,任何人都可以免费使用。

据估计,现在虽然只有 2% 的 Linux 核心代码是由林纳斯·托瓦兹本人编写的,但他仍然拥有 Linux 内核,并且保留了选择新代码和需要合并的新方法的最终裁定权。现在大家所使用的 Linux,更倾向于说是由林纳斯·托瓦兹和后来陆续加入的众多 Linux 爱好者共同开发完成的。

1.2　Linux 系统结构

Linux 系统可以抽象为如图 1-1 所示的几个层次,即 Linux 操作系统内核(Kernel)、系统调用(system cell)、公用函数库、用户接口程序(通常指 Shell)和应用程序。

内核:操作系统的核心,具有很多最基本的功能,它的主功能有硬件驱动、进程管理、内存管理、网络管理、安全管理。

系统调用:为了方便调用内核,Linux 将内核的功能接口制作成系统调用,就是调用操作系统所提供的 API(Application Programming Interface,应用程序编程接口)来实现某些功能

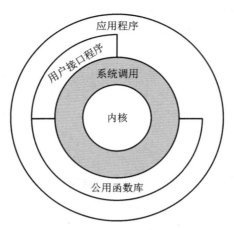

图 1-1　Linux 系统结构

的行为。硬件资源都是由操作系统统一管理,当程序需要调用硬件的某些功能时,只能通过调用操作系统提供的 API 来实现,系统调用就像 C 语言的函数,可以在程序中直接调用。Linux 系统有两百多个这样的系统调用。用户不需要了解内核的复杂结构,就可以使用内核。系统调用是操作系统的最小功能单位。一个操作系统以及基于操作系统的应用,都不可能实现超越系统调用的功能。

公用函数库:将提供一些特定功能的代码进行封装,只暴露出一些函数供第三方调用,比如 JSON 库(专门用来处理 JSON 格式的数据)、网络库(专门处理网络相关的业务)。在某些情况下,公用库函数调用最终也会发展为系统调用。

用户接口程序:与用户直接交互的界面。用户可以在提示符下输入命令行,由用户接口程序解释执行并输出相应结果或者有关信息,所以用户接口程序也被称作命令解释器,利用系统提供的丰富命令可以快捷而简便地完成许多工作。用户接口程序提供用户操作的命令操作接口,其本质也是应用程序。

应用程序:比如 Web 服务程序、数据库服务程序、SSHD 服务程序等。X Window 在最外层应用程序层,Linux 应用程序提供基于 X Window 协议的图形环境。X Window 协议定义了一个系统所必须具备的功能(就如同 TCP/IP 是一个协议,定义软件所应具备的功能),系统能满足此协议及符合相关规范,便可称为 X Window。

现在大多数的 Unix 系统(包括 Solaris、HP-UX、AIX 等)都可以运行 CDE(Common Desktop Environment,通用桌面环境,是运行于 Unix 的商业桌面环境)的用户界面。而在 Linux 上广泛应用的桌面环境有 GNOME(The GNU Network Object Model Environment)、KDE(K Desktop Environment)。

Linux 系统不依赖图形环境依然可以通过命令行完成 100% 的功能,而且不使用图形环境还会节省大量的系统资源。作为服务器运维,绝大多数 Linux 并不安装或并不启用图形环境,本书的讲解内容也基本上为 Linux 命令行下的操作。

X Window 与微软的 Windows 图形环境有很大的区别,Linux 系统与 X Window 没有必然捆绑的关系,也就是说,Linux 系统可以安装 X Window,也可以不安装,而 Windows 图形环境与其内核捆绑密切。

1.3　Linux 内核版本

　　Linux 内核主要由 http://www.kernel.org 维护。Linux 内核 1.0 版本于 1994 年发布，2.0 版本于 1996 年发布，在 2.0 版本之后，核心的开发分为两个部分，以广为使用的 2.6 版本为例，主要分为以下两类。

　　(1)2.6.×：偶数版，也称稳定版，适用于商业。

　　(2)2.5.×：奇数版，也称发展测试版，给工程师提供一些先进开发的功能。

　　这种奇数、偶数的编号格式在 2011 年 3.0 版本推出之后就失效了。从 Linux 内核 3.0 版本开始，核心主要依据主线版本(main line)来开发，开发完毕后会往下一个主线版本进行。例如，Linux 内核 4.9 版本就是在 Linux 内核 4.8 版本的架构下继续开发出来的新主线版本。

　　旧的版本在新的主线版本出现之后，会有两种处理机制，一种机制为结束开发（End of Live，EOL），即该程序码已经结束，不再继续维护；另外一种机制为长期维护版本，即保持该版本的持续维护。例如 4.9 版本即为一个长期维护版本，若此版本的程序码出现 bug（漏洞）或其他问题，核心维护者会持续进行程序码的更新维护。

1.4　Linux 主流发行版

　　Linux 发行版本众多。从技术上来说，林纳斯·托瓦兹开发的 Linux 只是一个内核。一些组织或厂商将 Linux 内核与各种软件和文档包装起来，并提供系统安装界面和系统配置、设定与管理工具，就构成了 Linux 的发行版本。

　　在 Linux 内核的发展过程中，各种 Linux 发行版本发挥着巨大的作用，推动了 Linux 的应用，让更多的人开始关注 Linux。Linux 主流发行版如下。

1.4.1　Red Hat 系列

　　Red Hat(红帽)公司是全球著名的开源解决方案供应商，旗下著名产品之一即是 RHEL(Red Hat Enterprise Linux)操作系统，也就是人们常说的"红帽系"Linux 的重要发行版。

　　Red Hat 公司的产品主要包括 RHEL(收费版本)、CentOS(RHEL 的社区克隆版本，免费版本)、Fedora Core(由 Red Hat 桌面版发展而来，免费版本)以及 Rocky Linux(基于 RHEL 的社会开源版)。CentOS 是一个稳定、免费的 Linux 发行版，源于 RHEL 依照开放源代码规定释出的源码所编译而成的 Linux 操作系统。Rocky Linux 不属于 Red Hat 公司的发行产品，因其是基于 RHEL 的社区发行版，其主要目的就是替代 CentOS。

　　2018 年 10 月 29 日，IBM 宣布以三百多亿美元的价格收购 Red Hat 公司。这也为后续 CentOS 项目的转变埋下了伏笔。2020 年 12 月 8 日，Red Hat 公司宣布他们将停止开发 CentOS，转而支持该操作系统更新的上游开发变体，称之为"CentOS Stream"。CentOS 社区在官方博客也发表了"CentOS Project shifts focus to CentOS Stream(CentOS 项目转换重心到 CentOS Stream)"和关于该问题的维基百科说明。

宣布停止开发 CentOS 后，CentOS 的原创始人格雷戈里·库尔泽（Gregory Kurtzer）在 CentOS 网站上宣布，他将再次启动一个项目（即 Rocky Linux）以实现 CentOS 的最初目标。Rocky Linux 是对早期 CentOS 联合创始人洛基·麦高（Rocky McGaugh）的致敬。到 2020 年 12 月 12 日，Rocky Linux 的代码仓库已经成为 GitHub 上的热门仓库。

2020 年 12 月，Rocky Linux 宣布初始版本将在 2021 年 3 月至 5 月之间的任何时间发布。2021 年 1 月 20 日，宣布将在同年 2 月底之前向公众提供一个测试存储库，并且发布候选版本的目标是 2021 年 3 月底。但是，最终推迟了发布。

2021 年 4 月 30 日，Rocky Linux 社区发布了首个候选版本 8.3。

2021 年 6 月 4 日，Rocky Linux 社区发布了第二个候选版本 8.4，这也是稳定版本之前的最后一个版本。

2021 年 6 月 21 日，Rocky Linux 社区发布了 Rocky Linux 8.4 的稳定版本，代号为"Green Obsidian"，并作为首个正式稳定版。

2022 年年中，Rocky Linux 9.0 进入测试验证阶段。Rocky Linux 社区计划在 2022 年 6 月至 2022 年 7 月内正式发布新版本（对应前期发布的 RHEL 9.0，Linux 5.×内核）。

2022 年 7 月 16 日，Rocky Linux 社区宣布，Rocky Linux 9.0 操作系统全面上市，可作为 CentOS Linux 和 CentOS Stream 的直接替代品。

2023 年 5 月 16 日，Rocky Linux 社区官方博客发表了 Rocky Linux 9.2 发布的消息。

2023 年 11 月 20 日，Rocky Linux 社区官方博客发表了 Rocky Linux 9.3 发布的消息。

2024 年 5 月 20 日，Rocky Linux 社区官方博客发表了 Rocky Linux 9.4 发布的消息。

1.4.2 Ubuntu Linux

Ubuntu Linux 基于知名的 Debian Linux 发展而来，界面友好，容易上手，对硬件的支持非常全面，是目前最适合作为桌面操作系统的 Linux 发行版本，而且 Ubuntu Linux 的所有发行版本都是免费的。Ubuntu Linux 的创始人马克·沙特尔沃思（Mark Shuttleworth）创立了 Ubuntu 社区，并于 2005 年 7 月 1 日建立 Ubuntu 基金会。

1.4.3 SUSE Linux

SUSE Linux 是德国 SUSE Linux AG 公司发布的 Linux 版本，1994 年发行了第一版，早期只有商业版本。2004 年被 Novell 公司收购后，成立了 OpenSUSE 社区，推出了自己的社区版本——OpenSUSE。SUSE Linux 在欧洲较为流行，在我国也有较多应用。值得一提的是，它吸取了 Red Hat Linux 的很多特质。SUSE Linux 可以非常方便地实现与 Windows 的交互，硬件检测非常优秀，拥有界面友好的安装过程和图形管理工具，对于终端用户和管理员来说使用非常方便。

1.4.4 Gentoo Linux

Gentoo Linux 最初由 Daniel Robbins（FreeBSD 的开发者之一）创建，首个稳定版本发布于 2002 年。Gentoo Linux 是所有 Linux 发行版本里安装最复杂的，到目前为止仍采用源码包编译安装操作系统。不过，它是安装完成后最便于管理的版本，也是在相同硬件环境下运行最快的版本。自从 Gentoo 1.0 面世后,它就像一场风暴,给 Linux 世界带来了巨大的惊喜,同时也吸引了大量的用户和开发者投入 Gentoo Linux 的怀抱。它具有高度的定制性(基于源代码的发行版)。尽管安装时可以选择预先编译好的软件包,但是大部分 Gentoo Linux 的用户都选择自己手动编译,因此适合有 Linux 使用经验者使用。

除以上几大 Linux 发行版外,还有很多其他版本,在此不作一一介绍。

1.5　Linux 发行版本的选择

Linux 的发行版本众多,下面针对如何选择 Linux 发行版本提出一些建议。

如果只是需要一个稳定的服务器系统,那么建议选择 RHEL、Rocky Linux。

如果只是需要一个桌面系统,既不想购买价格高昂的商业软件,也不想在系统上浪费太多时间,则可以选择 Ubuntu Linux。

如果想深入摸索 Linux 各个方面的知识,还想非常灵活地定制 Linux 系统,建议选择 Gentoo Linux。

1.6　安装 Rocky Linux 8.8

1.6.1　安装前的准备

1. 虚拟机软件的准备

简单地说,虚拟机(Virtual Machine,VM)就是允许用户在当前操作系统中运行其他操作系统的软件,本质上和 QQ 等应用程序一样。所以,只要在电脑(PC 或笔记本等)上安装好虚拟机软件,就可以模拟若干台相互独立的虚拟 PC 设备,每一个都如同一台真实的计算机。在此基础上,可以给每台虚拟的 PC 设备安装指定的操作系统,这样就可以在一台电脑上同时运行多个操作系统。

可以在虚拟机中安装各种操作系统,以及多个虚拟操作系统,安装操作系统前要先创建一个实例,然后安装对应的操作系统。

可以下载 VMware Workstation pro 16 及 17 版本软件安装虚拟机,需要注意的是,如果操作系统是 Windows 11,则只能下载安装 VMware Workstation pro 17(VM 17)版本。

2. 获取 Rocky Linux 8.8

访问 Rocky 官方镜像网站 https://dl.rockylinux.org/vault/rocky/。打开网页后,看到的内容如图 1-2 所示,可以根据需要选择对应的版本。

点击 8.8 版进入如图 1-3 所示界面,点击“isos/”后出现如图 1-4 所示界面。

图 1-4 中,aarch64 是指基于 ARM(Advanced RISC Machines)架构的 64 位处理器,而 x86 则是指基于 x86 架构的处理器。通常,移动设备和嵌入式系统更倾向于使用 ARM 架构,而桌面和服务器领域更常用 x86 架构。

Index of /vault/rocky/

```
../
8.3/                                04-May-2021 13:46          -
8.4/                                30-Sep-2021 04:40          -
8.4-RC1/                            18-Jun-2021 00:14          -
8.5/                                16-May-2022 22:27          -
8.6/                                30-Jul-2022 04:19          -
8.7/                                14-Nov-2022 04:33          -
8.8/                                08-Nov-2023 16:07          -
8.9/                                09-May-2024 10:38          -
9.0/                                12-Jul-2022 04:38          -
9.0-ISO/                            02-Dec-2022 04:04          -
9.1/                                24-Nov-2022 20:09          -
9.2/                                15-May-2023 16:55          -
9.3/                                14-Nov-2023 16:40          -
9.4/                                09-May-2024 06:56          -
fullfilelist                        14-May-2024 20:09   132414072
fullfiletimelist-rocky-vault        14-May-2024 20:16   148168187
```

图 1-2　Rocky Linux 版本下载选择页面

Index of /vault/rocky/8.8/

```
../
AppStream/                          08-Nov-2023 16:39
BaseOS/                             08-Nov-2023 16:38
Devel/                              08-Nov-2023 17:05
HighAvailability/                   08-Nov-2023 16:50
Live/                               18-May-2023 07:43
NFV/                                08-Nov-2023 16:49
PowerTools/                         08-Nov-2023 16:47
RT/                                 08-Nov-2023 16:47
ResilientStorage/                   08-Nov-2023 16:47
devel/                              08-Nov-2023 17:05
extras/                             08-Nov-2023 17:14
images/                             18-May-2023 05:24
isos/                               18-May-2023 00:37
live/                               18-May-2023 07:43
metadata/                           08-Nov-2023 16:53
nfv/                                08-Nov-2023 16:49
plus/                               08-Nov-2023 17:14
```

图 1-3　Rocky Linux 8.8 下载界面

Index of /vault/rocky/8.8/isos/

```
../
aarch64/                            18-May-2023 17:59
x86_64/                             18-May-2023 17:59
```

图 1-4　操作系统架构选择页面

3.ISO 光盘系列说明

DVD：标准安装。

Everything：对完整安装盘的软件进行补充，集成所有软件，包括各种 packages（软件包）。

Minimal：最小化安装，只安装必需的软件，只有命令行无图形界面。

一般使用选择 DVD 版就能够满足基本需求。本次范例选择的是 Rocky-8.8-x86_64-dvd1.iso，如图 1-5 所示。

Index of /vault/rocky/8.8/isos/x86_64/

../		
CHECKSUM	18-May-2023 01:18	1015
CHECKSUM.sig	18-May-2023 09:42	566
Rocky-8.8-x86_64-boot.iso	17-May-2023 23:01	969932800
Rocky-8.8-x86_64-boot.iso.CHECKSUM	18-May-2023 01:17	147
Rocky-8.8-x86_64-boot.iso.manifest	17-May-2023 23:05	635
Rocky-8.8-x86_64-boot.torrent	18-May-2023 17:54	19161
Rocky-8.8-x86_64-dvd1.iso ←	17-May-2023 23:45	12612272128
Rocky-8.8-x86_64-dvd1.iso.CHECKSUM	18-May-2023 01:17	149
Rocky-8.8-x86_64-dvd1.iso.manifest	17-May-2023 23:45	581584
Rocky-8.8-x86_64-dvd1.torrent	18-May-2023 17:59	15725
Rocky-8.8-x86_64-minimal.iso	17-May-2023 23:38	2447376384
Rocky-8.8-x86_64-minimal.iso.CHECKSUM	18-May-2023 01:17	154
Rocky-8.8-x86_64-minimal.iso.manifest	17-May-2023 23:38	101600
Rocky-8.8-x86_64-minimal.torrent	18-May-2023 17:54	12337
Rocky-x86_64-boot.iso	17-May-2023 23:01	969932800
Rocky-x86_64-boot.iso.CHECKSUM	18-May-2023 01:17	139
Rocky-x86_64-dvd.iso	17-May-2023 23:45	12612272128
Rocky-x86_64-dvd.iso.CHECKSUM	18-May-2023 01:18	139
Rocky-x86_64-dvd1.iso	17-May-2023 23:45	12612272128
Rocky-x86_64-dvd1.iso.CHECKSUM	18-May-2023 01:18	141
Rocky-x86_64-minimal.iso	17-May-2023 23:38	2447376384
Rocky-x86_64-minimal.iso.CHECKSUM	18-May-2023 01:18	146

图 1-5　系统 ISO 文件选择页面

1.6.2　安装 Rocky Linux 8.8 的步骤

1.虚拟机实例的创建

第 1 步：在"新建虚拟机向导"界面选择"自定义（高级）（C）"，如图 1-6 所示。

图 1-6　"新建虚拟机向导"界面

第 2 步：保持默认的硬件兼容性设置即可，如图 1-7 所示。

图 1-7　选择虚拟机硬件兼容性

第 3 步：选择"稍后安装操作系统(S)。"，如图 1-8 所示。

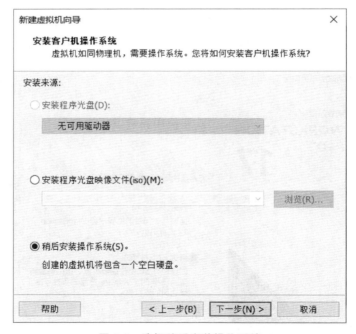

图 1-8　选择稍后安装操作系统

第 4 步：客户机操作系统选择"Linux(L)"，系统版本选择"Red Hat Enterprise Linux 8 64 位"即可，因为在 VM 17 中虚拟机系统类型没有单独列出 Rocky Linux，而 Rocky Linux 与

RHEL 同源,所以此处选 RHEL 8 64 位,如图 1-9 所示。

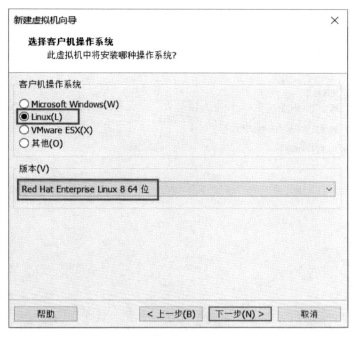

图 1-9 选择 Linux 版本

第 5 步:虚拟机名称即虚拟机的标签页名称,可以根据实际用途确定,位置则表示安装虚拟机系统的文件存放目录,如图 1-10 所示。

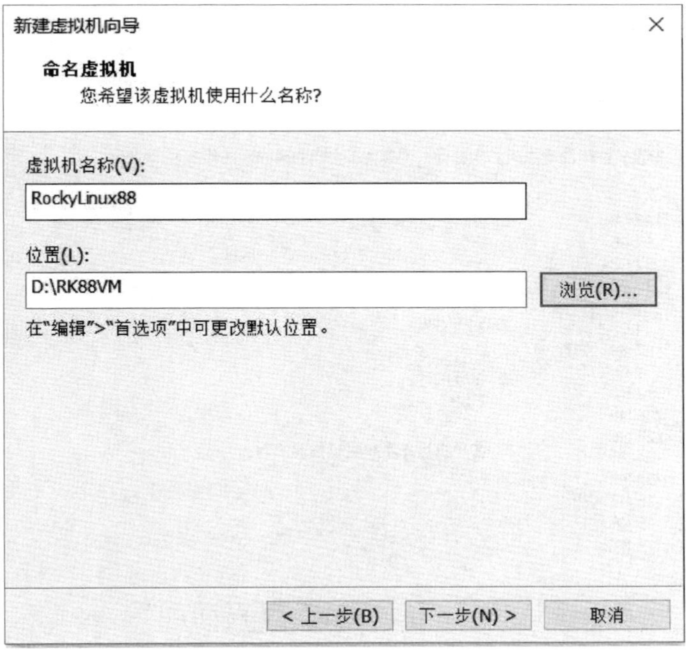

图 1-10 选择虚拟机名称和位置

第 6 步：可以保持默认的处理器配置，如图 1-11 所示。

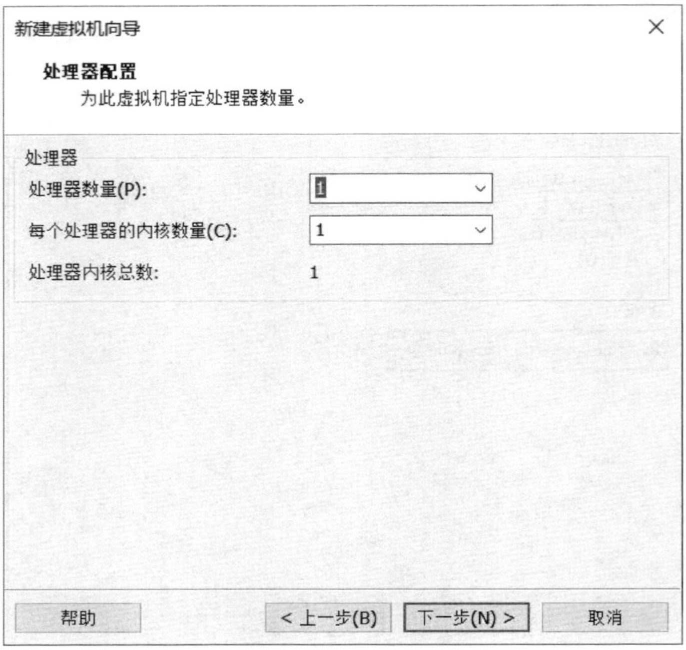

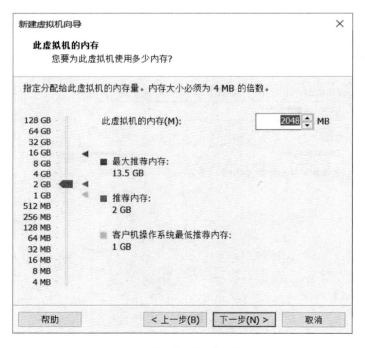

图 1-11　处理器配置

第 7 步：内存容量一般建议设置在 2GB 以上，如图 1-12 所示。

图 1-12　内存容量设置

第 8 步：网络连接选择"使用网络地址转换（NAT）（E）"，如图 1-13 所示。

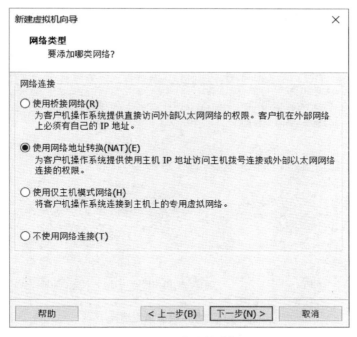

图 1-13　网络连接选择

第 9 步：I/O 控制器类型保持默认设置，如图 1-14 所示。

图 1-14　I/O 控制器选择

第 10 步：虚拟磁盘类型选择"SCSI（S）"，如图 1-15 所示。

图 1-15　虚拟磁盘类型选择

第 11 步：磁盘种类选择默认的"创建新虚拟磁盘（V）"，如图 1-16 所示。

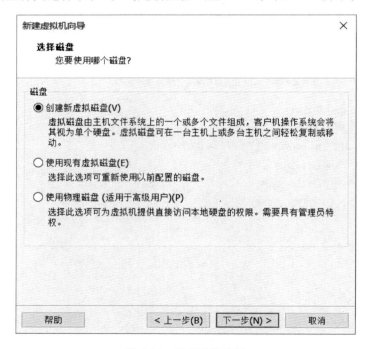

图 1-16　磁盘种类选择

第 12 步：磁盘容量可以根据实际需求设置，但一般建议不要小于 20GB。不要勾选"立即分配所有磁盘空间（A）。"，选择"将虚拟磁盘存储为单个文件（O）"。磁盘容量设置及存储方式选择如图 1-17 所示。

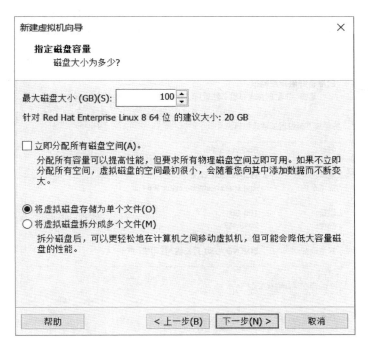

图 1-17　磁盘容量设置及存储方式选择

第 13 步：虚拟磁盘文件名称使用默认名称即可，如图 1-18 所示。

图 1-18　虚拟磁盘文件名称设置

第 14 步：如图 1-19 所示为虚拟机的汇总信息，如果有需要修改的硬件信息，可以点击"自定义硬件(C)"调整。此处点击"自定义硬件(C)"，将 USB 控制器、声卡、打印机移除，将准备好的 ISO 文件添加到虚拟机的光驱设备，如图 1-20～图 1-22 所示。

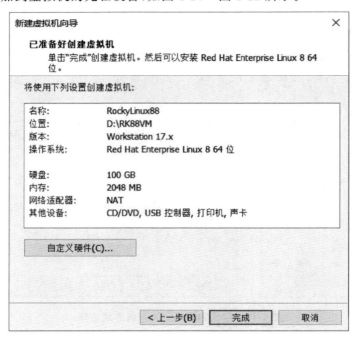

图 1-19　选择自定义硬件

图 1-20　移除 USB 控制器

图 1-21 选择"使用 ISO 映像文件(M)"

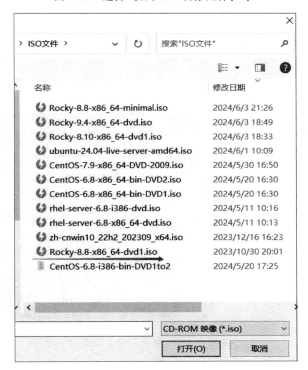

图 1-22 选择硬盘上的 ISO 映像文件

第 15 步:完成配置后,点击"完成"按钮,如图 1-23 所示。

图 1-23　创建虚拟机结束

第 16 步：回到主界面，点左侧的"开启此虚拟机"或者"帮助（H）"右侧的绿色三角箭头来启动虚拟机，如图 1-24 所示。

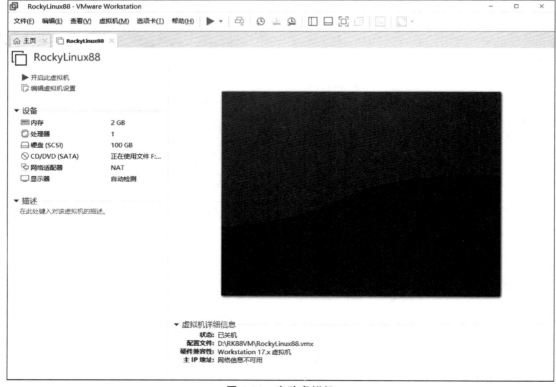

图 1-24　启动虚拟机

2. 安装 Rocky Linux 8.8

启动虚拟机后弹出安装界面,点击主界面,再使用方向键选择第一项,按回车键确认,进入安装引导,如图 1-25 所示。

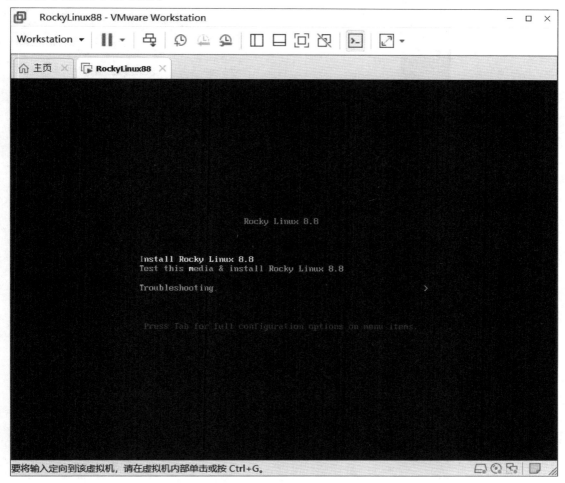

图 1-25 安装模式选择

说明:鼠标和键盘在主机和虚拟机实例中采用以下方式切换。

切入到虚拟机:当鼠标在虚拟机显示范围时,单击鼠标左键,鼠标、键盘就被虚拟机使用。

切出到宿主计算机:按 Ctrl+Alt 键,虚拟机显示区上面出现鼠标光标,说明已切出到宿主计算机。

安装 Rocky Linux 8.8 的具体步骤如下。

第 1 步:到宿主计算机欢迎页选择安装语种,建议选择英语,因为 Linux 类系统原属英语环境,如图 1-26 所示。

第 2 步:INSTALLATION SUMMARY(安装摘要)界面是 Linux 系统安装所需信息的集合,如图 1-27 所示。该界面包含如下内容:Keyboard、Language Support、Time & Date、Installation Source、Software Selection、Installation Destination、KDUMP、Network & Host Name、Security Policy。该界面的选项虽然多,但并不是全都需要手动配置。其中,Keyboard

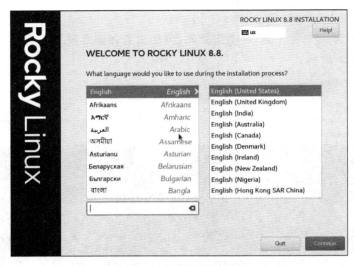

图 1-26　语种的选择

图 1-27　安装摘要界面

和 Language Support 分别指的是键盘类型和语言支持,这两项默认都是英文,不用修改。

第 3 步:单击"Time & Date"按钮,设置系统的时区和时间。单击地图上中国境内区域即可显示出上海的当前时间,确认后单击左上角的"Done"按钮回到主界面。

第 4 步:点击主界面的"Software Selection"选项,进入如图 1-28 所示界面,Rocky Linux 8.8 系统的软件模式界面可以根据用户的需求来调整系统的基本环境。提供 6 种软件基本环境,依次为 Server with GUI(带图形化的服务器)、Server(服务器)、Minimal Install(最小化安装)、Workstation(工作站)、Custom Operating System(自定义操作系统)和 Virtualization Host(虚拟化主机)。例如,如果用户想把 Linux 系统用作基础服务器、文件服务器、Web 服务器或工作站等,那么系统在安装过程中就会额外安装一些基础软件包,以帮助用户尽快上手。初学者在安装时直接选择 Server with GUI 即可。

SOFTWARE SELECTION   ROCKY LINUX 8.8 INSTALLATION
Done   ⌨ us   Help!

Base Environment   Additional software for Selected Environment

◉ **Server with GUI**   ☐ **Windows File Server**
   An integrated, easy-to-manage server with a graphical   This package group allows you to share files between
   interface.   Linux and MS Windows(tm) systems.
○ **Server**   ☐ **Debugging Tools**
   An integrated, easy-to-manage server.   Tools for debugging misbehaving applications and
○ **Minimal Install**   diagnosing performance problems.
   Basic functionality.   ☐ **DNS Name Server**
○ **Workstation**   This package group allows you to run a DNS name
   Workstation is a user-friendly desktop system for   server (BIND) on the system.
   laptops and PCs.   ☐ **File and Storage Server**
○ **Custom Operating System**   CIFS, SMB, NFS, iSCSI, iSER, and iSNS network storage
   Basic building block for a custom Rocky Linux system.   server.
○ **Virtualization Host**   ☐ **FTP Server**
   Minimal virtualization host.   These tools allow you to run an FTP server on the
                                                  system.
                                               ☐ **Guest Agents**
                                                  Agents used when running under a hypervisor.
                                               ☐ **Infiniband Support**
                                                  Software designed for supporting clustering, grid
                                                  connectivity, and low-latency, high bandwidth storage
                                                  using RDMA-based InfiniBand, iWARP, RoCE, and OPA
                                                  fabrics.
                                               ☐ **Mail Server**

图 1-28 软件选择

第 5 步：在安装摘要界面点击"Installation Destination"，进入如图 1-29 所示界面，默认把系统安装到该磁盘。不需要进行任何修改，系统会自动分区，只需要单击左上角的"Done"按钮，返回主界面。

INSTALLATION DESTINATION   ROCKY LINUX 8.8 INSTALLATION
Done   ⌨ us   Help!

Device Selection

Select the device(s) you'd like to install to. They will be left untouched until you click on the main menu's
"Begin Installation" button.

Local Standard Disks

    100 GiB

    💾✔

    VMware, VMware Virtual S
    sda / 100 GiB free

                                                  Disks left unselected here will not be touched.

Specialized & Network Disks

    Add a disk...

                                                  Disks left unselected here will not be touched.

Storage Configuration
◉ Automatic   ○ Custom
☐ I would like to make additional space available.

Full disk summary and boot loader...   1 disk selected; 100 GiB capacity; 100 GiB free Refresh...

图 1-29 Installation Destination 设置

第 6 步：点击主界面的"Network & Host Name"配置网络和主机名称。首先单击右上角的开关按钮，设置成 ON（开启）状态，其次在左下角将 Host Name（主机名称）修改为"rk88server"并单击右侧的"Apply"按钮进行确认，主机名称也可以根据实际业务情况修改，最后单击左上角的"Done"按钮，如图 1-30 所示。

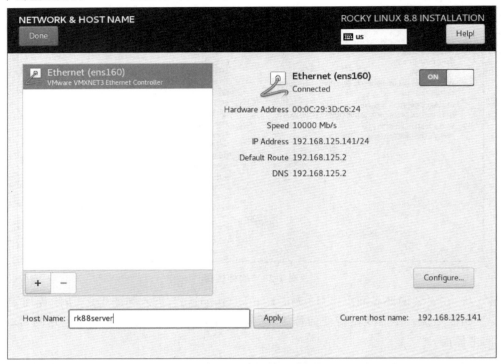

图 1-30 配置网络和主机名称

第 7 步：在主界面点击"Root Password"按钮，设置管理员 root 的密码，如图 1-31 所示。此操作非常重要，密码会在登录系统时用到。当在虚拟机中做实验的时候，密码无所谓强弱，但在生产环境中一定要保证管理员 root 的密码足够复杂，否则系统将面临严重的安全问题。但此处也有基本要求：密码必须为 6 位。可以简单设置，比如设置 123456 作为密码。

第 8 步：在主界面点击 User Creation 按钮，为系统创建一个本地的普通账户。该账户的名字为 rkuser1，密码统一设置为 123456，确认后单击"Done"按钮，如图 1-32 所示。

第 9 步：在主界面点击右下角"Begin installation"开始安装，如图 1-33 所示。

第 10 步：安装过程所需时长根据机器配置的不同有所区别，普遍持续约 20min，安装结束后，单击右下角的"Reboot System"按钮重启系统，如图 1-34 所示。

第 11 步：重启系统成功后将看到初始化界面，如图 1-35 所示。此时还需要确认许可证，直接单击"License Information"按钮进入 Rocky Linux 产品许可信息界面，如图 1-36 所示。该界面中的内容包括版权说明、双方责任、法律风险等。直接选中"I accept the license agreement."复选框，然后单击左上角的"Done"按钮即可。

第 12 步：返回初始化界面，单击"FINISH CONFIGURATION"按钮进行确认，如图 1-37 所示，系统将会进行最后一轮的重启。

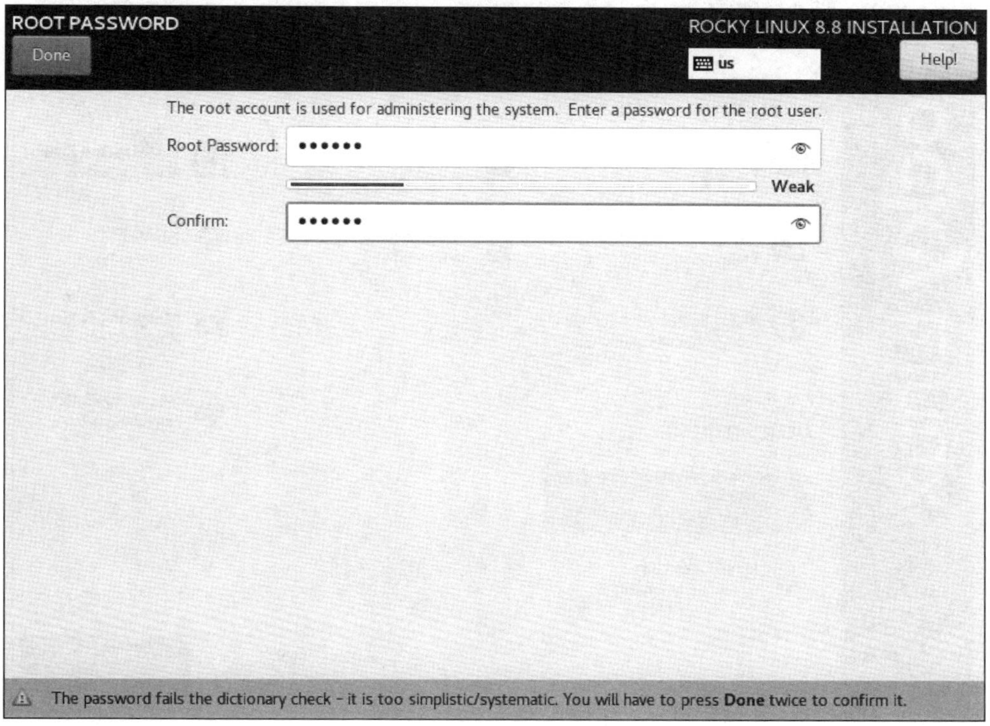

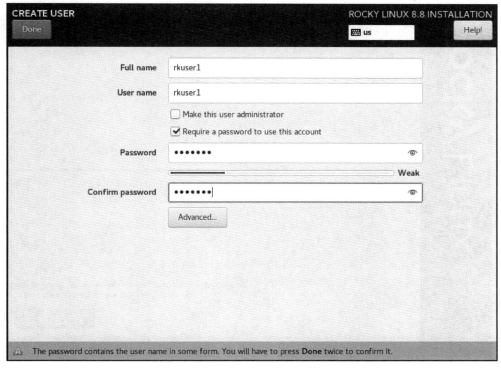

图 1-31　设置 root 密码

图 1-32　创建普通用户

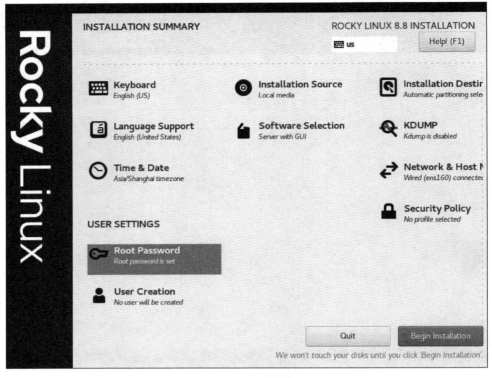

图 1-33　开始安装

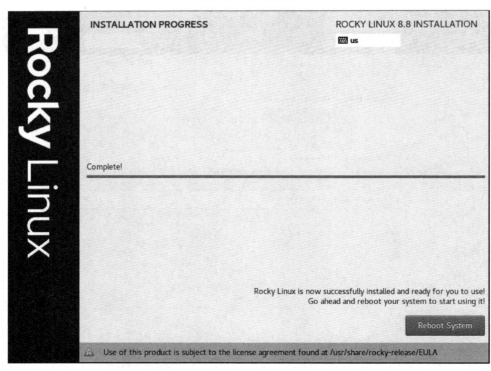

图 1-34　系统安装过程进度图

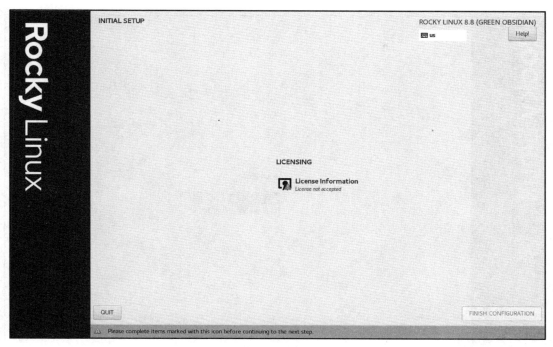

图 1-35　重启后的初始化界面

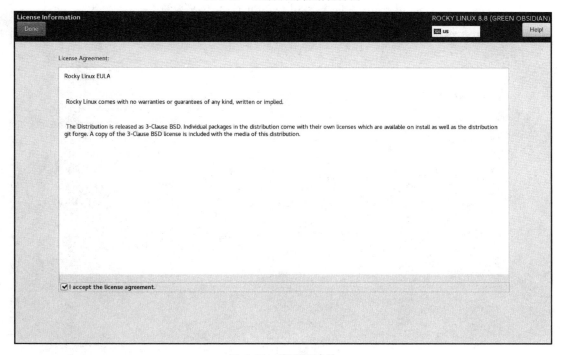

图 1-36　许可证确认

第 13 步：系统重启完成后，便能看到登录界面。为了保证不受权限的限制，可以单击用户下方的"Not listed?"按钮，手动输入管理员账号（root）以及所设置的密码，如图 1-38～图 1-40 所示。最后点"Sign In"进入系统。

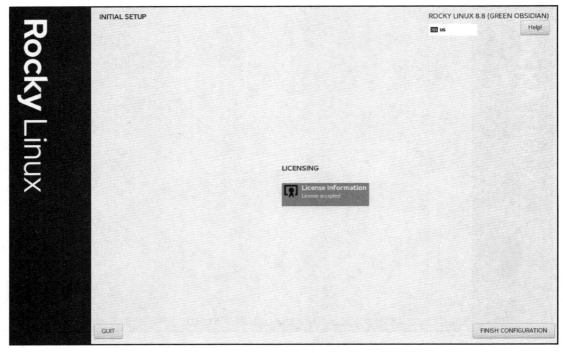

图 1-37　点击"FINISH CONFIGURATION"按钮

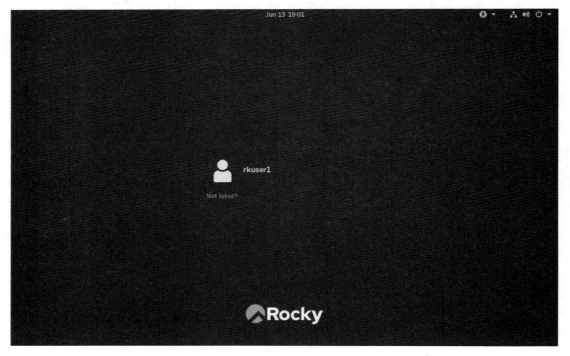

图 1-38　选择用其他账户登录

　　第 14 步：顺利进入系统后，此时会有一系列的非必要性询问，例如语言、键盘、输入来源等信息，全部单击"Next"按钮即可。最终将会看到系统显示的欢迎信息，点击"开始使用"，进入

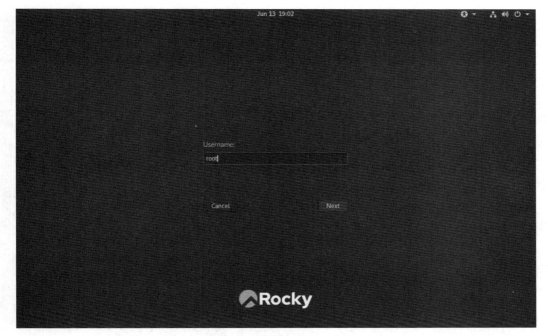

图 1-39　输入用户名 root

图 1-40　输入 root 的密码

系统图形界面,如图 1-41 所示。

　　第 15 步:点击如图 1-42 所示的左侧终端图标,打开命令终端界面,如图 1-43 所示。至此,便完成了 Rocky Linux 8.8 系统的全部安装和初步配置,虚拟机就能成功启动。

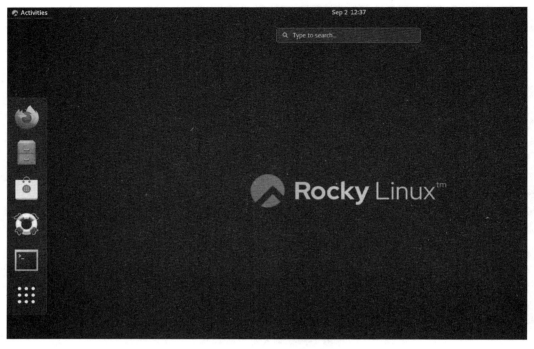

图 1-41　系统图形界面

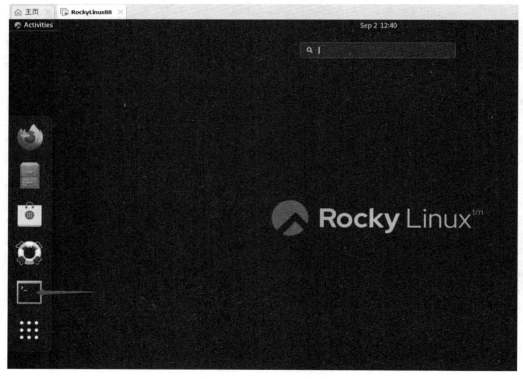

图 1-42　点左侧终端图标

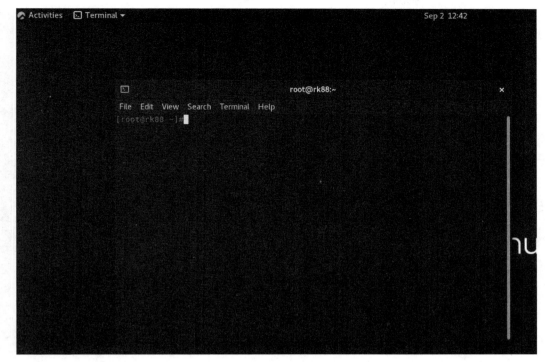

图 1-43 命令终端界面

1.7 查看 IP 地址信息

本书使用终端软件连接服务器操作模式,以命令操作为主,下面先介绍系统 IP 地址信息方面的基础知识。

(1)红帽系列从 RHEL 7.×以后使用的是 en××××的网卡命名规则(en 指以太网 Ethernet)。

(2)virbr0 是一种虚拟网络接口,它是由于安装和启用了 libvirt 服务而生成的。在服务器上,libvirt 会创建一个虚拟网络交换机(virbr0),使得主机上的所有虚拟机(guest)可以通过这个虚拟网络交换机连接起来。virbr0 在默认情况下会分配一个 IP 地址(192.168.122.1)。

(3)lo 代表 127.0.0.1,即 localhost,也就是本机回环 IP 地址。

所以在查看服务器 IP 地址时,只需要看以 en 开头的网卡设备的 IP 信息即可。

查看网卡 IP 地址的几个常用命令如下。

范例 1-1:ifconfig 命令查看系统 IP 地址。

```
[root@RockyServer ~]#ifconfig
ens160: flags=4163< UP,BROADCAST,RUNNING,MULTICAST>  mtu 1500
        inet 192.168.125.160 netmask 255.255.255.0 broadcast 192.168.125.255
        inet6 fe80::20c:29ff:fe72:31d4 prefixlen 64 scopeid 0x20< link>
..........................内容过多,后面省略..........................
```

范例 1-1 中查到的网卡设备名称是 ens160，IP 地址是 192.168.125.160，命令加粗行即 IP 地址所在行。

范例 1-2：ip a 命令查看系统 IP 地址。

```
[root@RockyServer ~]#ip a
························内容过多，只显示网卡信息························
2: ens160: < BROADCAST,MULTICAST,UP,LOWER_UP>  mtu 1500 qdisc mq state UP
group default qlen 1000
    link/ether 00:0c:29:72:31:d4 brd ff:ff:ff:ff:ff:ff
    altname enp3s0
    inet  192. 168. 125. 160/24  brd  192. 168. 125. 255  scope  global
noprefixroute ens160
      valid_lft forever preferred_lft forever
·····························内容过多，后面省略·····························
```

范例 1-3：hostname -I 命令查看系统 IP 地址。

```
[root@RockyServer ~]#hostname -I
192.168.125.160 192.168.122.1
```

注意：第一个（192.168.125.160）是主机 IP 地址，后面一个是 virbr0 的 IP 地址，忽略即可。

范例 1-4：nmcli 命令查看系统 IP 地址。

```
[root@RockyServer ~]#nmcli
·····························内容过多，此部分省略·····························
ens160: connected to ens160
    "VMware VMXNET3"
    ethernet (vmxnet3), 00:0C:29:72:31:D4, hw, mtu 1500
    ip4 default
    inet4 192.168.125.160/24
·····························内容过多，此部分省略·····························
DNS configuration:
    servers: 59.78.85.11
    interface: ens160
·····························内容过多，此部分省略·····························
```

1.8　Linux 操作系统的人机交互接口

为了让用户能够使用操作系统完成工作任务,操作系统必须提供用户接口,Linux 系统提供了三种人机交互的接口:图形用户接口、命令行接口以及应用程序接口。

1.8.1　图形用户接口

类似于 Windows 的桌面系统,生产环境中一般不会安装图形界面,Linux 的图形用户接口(Graphic User Interface,GUI)和发行版并不是捆绑的。Linux 系统一般提供 KDE、GNOME 等图形化的用户接口,目的是让普通用户可以直接使用鼠标、键盘等设备方便地操作计算机,而不需要记忆很多晦涩难懂的命令。图形用户接口界面如图 1-44 所示。

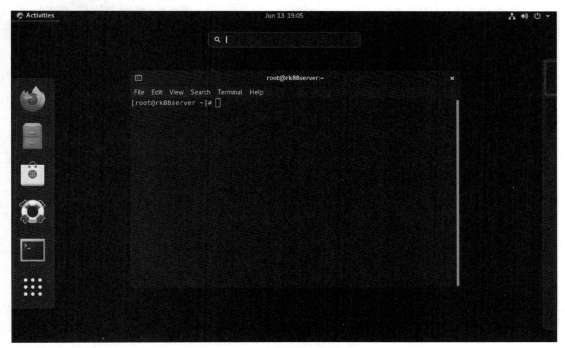

图 1-44　图形用户接口界面

1.8.2　命令行接口

命令行接口(Command Line Interface,CLI)简称终端接口。Linux 系统一般提供 Bourne Again Shell、C Shell、Korn Shell 等终端接口,让运维工程师通过命令行的方式操作计算机。事实上 Linux 功能的强大主要体现在终端接口。相较于 GUI 方式,CLI 方式完成工作效率更高,所以运维工程师一般都采用 CLI 方式。红帽系列的发行版登录后默认提供的就是 Bourne Again Shell 命令行接口,如图 1-45 所示。

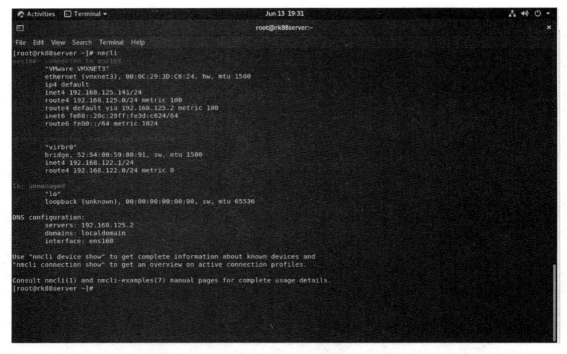

图 1-45　Bourne Again Shell 命令行接口

1.8.3　应用程序接口

应用程序接口（Aplication Programming Interface，API），从编程角度看来，Linux 系统就是一个巨大的程序调用库，它提供大量的 API 函数，目的是方便程序员开发应用程序。

1.9　终　　端

终端（computer terminal）就是处理计算机主机输入/输出的设备，它用来显示主机运算的输出，并且接受主机要求的输入，典型的终端包括显示器和键盘等。Linux 使用键盘作为输入终端，显示器作为输出终端，这些终端就是虚拟终端，虚拟终端其实就是虚拟控制台，或者说是一个虚拟设备。用户通过终端登录系统后得到一个 Shell 进程，这个终端成为 Shell 进程的控制终端。每个进程的标准输入、标准输出和标准错误输出都指向控制终端。

Linux 终端的常见类型包括以下几种。

1.9.1　物理设备终端

1. 控制台终端

控制台终端（console terminal）通常指的是与计算机显示器直接相连的终端，也被称为物理终端或主控制台。

2. 串行端口终端

串行端口终端(serial port terminal)是使用计算机串行端口连接的终端设备。在 Linux 中,这些串行端口对应的设备文件名是/dev/ttyS♯,其中♯代表具体的端口号(如 ttyS0、ttyS1 等)。

1.9.2　基于软件连接的控制终端

控制终端(controlling terminal)是一个应用程序的概念,通过控制台终端设备成功登录后得到的 Shell 进程就是我们使用的控制终端。控制终端和控制台终端只有一字之差,但前者是物理设备而后者则是逻辑概念上的终端。

控制终端又分为如下几种类型。

1. 虚拟终端

虚拟终端(virtual terminal)是通过 Linux 系统提供的快捷键(如 Alt+F1~F6)打开的终端。用户可以登录不同的虚拟终端,从而允许系统同时存在几个不同的会话。

虚拟终端的设备文件通常位于/dev/目录下,格式为 tty♯(如 tty1、tty2 等)。使用 tty 命令可查看当前终端类型,如图 1-46 所示。

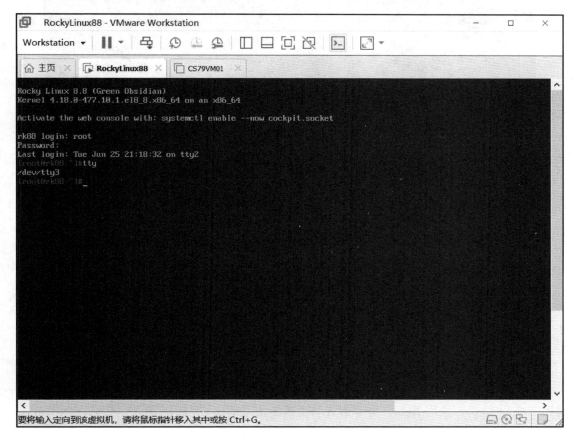

图 1-46　Linux 的 tty 虚拟终端

2. 图形终端

在 Linux 中，图形用户界面下的终端也可以被视为一种特殊的终端类型，即图形终端（graphical terminal）。例如，在 GNOME 桌面环境中，可以通过打开 GNOME Terminal 来使用命令。

这种终端类型提供了与命令行终端相似的功能，但通常具有更丰富的用户界面和交互方式。可以在图形终端切换到虚拟终端，例如按 Ctrl＋Alt＋F3 键。

如果在图形化系统上，则打开的是伪终端，使用/dev/pts/N 表示，使用 tty 命令查看当前终端类型，如图 1-47 所示。

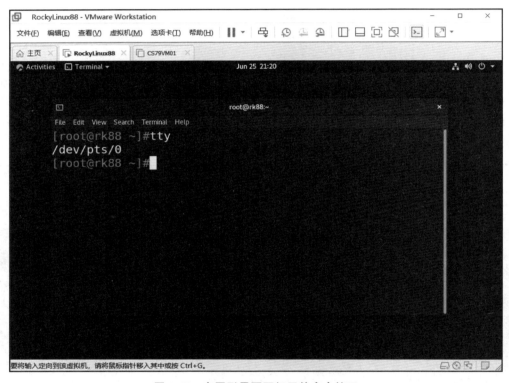

图 1-47　在图形界面下打开的命令接口

3. 伪终端

伪终端（pseudo terminal）通常为通过 SSH、Telnet 协议或图形界面中的 xterm 等工具连接并登录到 Linux 服务器主机后所使用的终端程序。在 Linux 中，伪终端的设备文件通常位于/dev/pts/目录下，格式为 pts♯。伪终端是由终端模拟软件模拟出的终端，常见的软件有 Xshell、MobaXterm、PuTTY、SecureCRT 等。Xshell 的使用方法如下。

（1）Xshell 的使用。

Xshell 是一个强大的安全终端模拟软件，支持 SSH1、SSH2 以及 Microsoft Windows 平台的 Telnet 协议。使用 Xshell 登录的终端也属于伪终端。

（2）Xshell 的获取及安装。

目前 Xshell 官网提供免费个人和教育版本，用户可以自行在 Xshell 官网下载后安装。

（3）Xshell 连接服务器。

下面使用 Xshell 7 连接服务器（Free for Home/School），即前文安装的 Rocky Linux 服务器。

①第 1 种连接方法。

a. 如图 1-48 所示，点击文件菜单中的"新建（N）..."，创建一个新的连接。

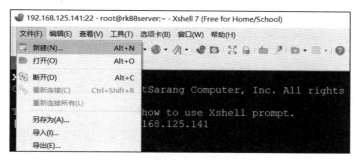

图 1-48　创建新连接

b. 如图 1-49 所示，在新建连接右侧常规项的"主机（H）："中先输入服务器的 IP 地址，以系统的实际 IP 地址为准。在"名称（N）："中输入连接名称，这个名称会显示在 Xshell 会话管理中，同时也是连接选项卡显示名称。方便后续直接通过双击连接服务器。输入完成后点击"连接"。

图 1-49　输入主机 IP 地址和名称

c. 根据提示输入用户名 root 和密码，如图 1-50 和图 1-51 所示。

图 1-50　输入用户名 root

图 1-51　输入密码

d. 点击"确定"后,出现 X11 转发请求,选择"否(N)",如图 1-52 所示。

图 1-52　X11 转发请求选择

e. 登录成功后就会出现如图 1-53 所示的界面,同时输入 tty 命令查看此时的终端名称,发现是伪终端,名称为/dev/pts/1。

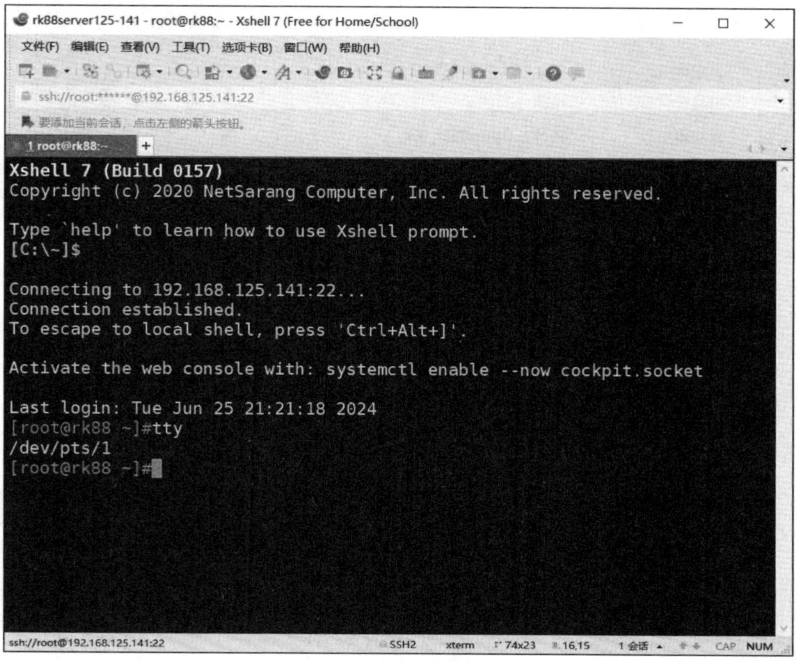

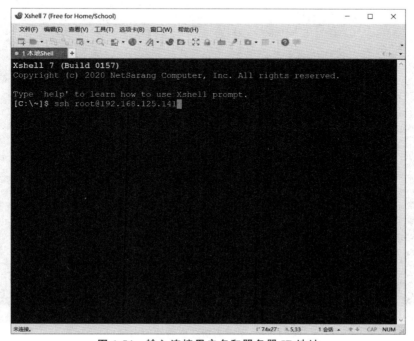

图 1-53　登录成功后进入界面

②第 2 种连接方法。

使用 ssh 命令方式直接进行连接，在 Xshell 软件的本地 Shell 中使用 ssh 命令，然后输入密码即可登录，如图 1-54～图 1-56 所示。

语法：ssh　用户名@服务器 IP 地址

图 1-54　输入连接用户名和服务器 IP 地址

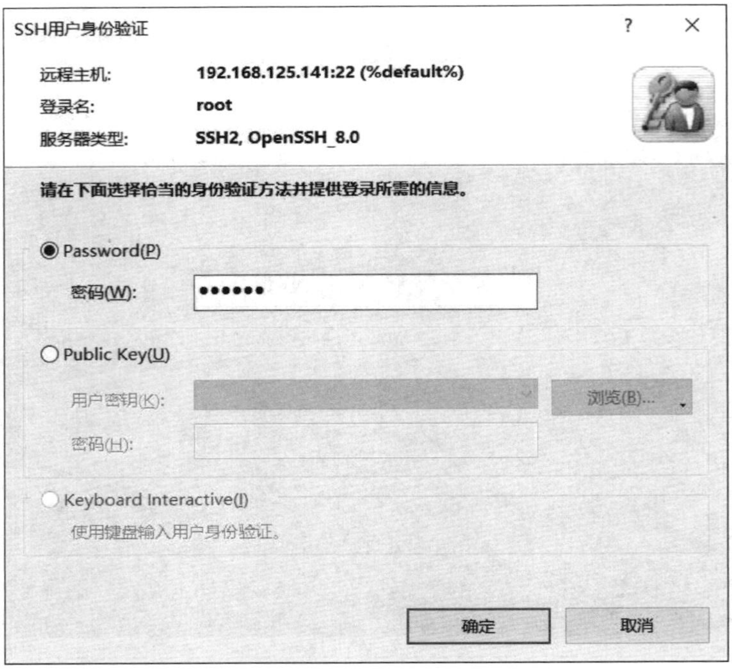

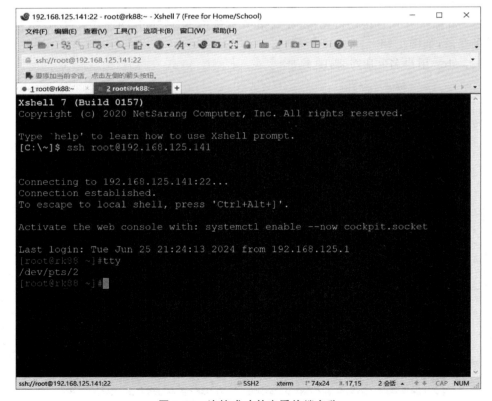

图 1-55 输入密码

图 1-56 连接成功并查看终端名称

1.10 用户初识

root 用户：一个特殊的管理账户，也被称为超级用户。root 已接近完整控制系统，几乎能无限损害系统，在企业生产环境中，除非必要情况否则不要登录为 root 用户。

普通用户：权限有限，造成损害的能力比较有限。

注意：根据学习所需，教材中主要是以 root 用户登录来进行操作。

1.11 上机实践

1. 在 VMware Workstation 安装 Linux 操作系统

(1)安装 VMware Workstation pro 16 或者 17 软件。

(2)练习在 VMware Workstation pro 中安装 RHEL 8 的主版本操作系统。

(3)系统安装完成后进行开机、登录，使用关机命令正确关机。

(4)利用虚拟机对前面安装的操作系统创建一个快照。

2. 虚拟机系统移植

(1)将前面安装好的虚拟机操作系统复制到移动硬盘上。

(2)在另外一台安装有相同 VMware Workstation 版本的计算机上打开复制的操作系统。

任务 2　Linux 命令基础和使用帮助

◆ **任务描述**

本任务主要介绍 Linux 命令基础、命令的基本语法、命令的执行流程。

◆ **知识目标**

1.了解字符界面的优点和应用范围。

2.能解释 Shell 命令的分类和虚拟终端的作用。

3.理解几种常用的帮助方式。

◆ **技能目标**

1.具备正确进入字符界面的能力。

2.具备熟练使用常用的基础命令的能力。

3.具备使用帮助的能力。

◆ **素养目标**

1.熟练掌握多种命令格式,培养细致、谨慎的科学精神。

2.保护系统的稳定性和数据的完整性,使用正确的关机命令,遵守操作流程规范,培养良好的职业习惯。

2.1　Shell 简介

2.1.1　Shell 发展历程

Unix 作为一个举世闻名的操作系统已有 50 余年的历史,围绕这个操作系统又衍生出了一系列外围软件生态群,其中一个非常重要的组件就是 Shell。Shell 是操作系统最外层的接口,负责直接面向用户交互并提供内核服务,它提供一套命令规范,是一种解释性语言,将用户输入经过解释器(interpreter)输出,从而调用系统,实现人机交互的功能。

和操作系统一样,Shell 的发展也经历了一个漫长的演变史。如今大部分文献在讲述 Shell 时都是从 1977 年的 Bourne Shell 说起的,它最初移植到 Unix V7 上,被追认为整个 Shell 家族成员的鼻祖。事实上,第一个移植到 Unix 上的 Shell 不是史蒂夫·伯恩(Steve Bourne)写的,早在 1975 年 5 月,贝尔实验室就对外发布了第一个广泛传播的 Unix 版本——

Unix V6(之前开发的版本只供内部研究使用),其根目录下的/bin/sh 是第一个 Unix 自带的 Shell,由肯·汤普森(Ken Thompson)编写,因此也被称为 Thompson Shell。甚至,Shell 的起源更早可以追溯到 1971 年,Thompson Shell 就作为一个独立于内核的应用程序而实现了,只不过从 1975 年正式问世到 1977 年被取代,短短两年的寿命使得它鲜为人知。

但 Thompson Shell 仍有着不容否认的历史地位,其最大的价值在于它奠定了 Shell 命令语言结构和规范的基础,而且其解释器具有跨平台的可移植性,并影响了后来包括 Bourne Shell 在内的各种脚本语言设计实现。

Shell 又分为多个的种类,常见的有以下几种。

(1)Bourne Again Shell(bash):bash 是 Linux 中最常用的命令接口,也是最常见的默认 Shell。它是基于 Bourne Shell 的一个扩展版本,提供了更多功能和特性,如命令补全、命令历史、别名等。bash 还支持脚本编程,使用户可以编写自动化任务。GPL、RHEL 系和 Ubuntu 默认使用 bash。

(2)Bourne Shell(sh):Bourne Shell 是 Unix 操作系统中最早的命令接口之一,它的设计简洁、高效。尽管在现代 Linux 系统中 bash 更为常见,但 Bourne Shell 仍然被一些特定的应用程序或脚本使用。

(3)C Shell(csh):C Shell 是另一种常用的命令接口,它以 C 语言的语法为基础。C Shell 提供了更多的交互功能,如命令别名、命令扩展等,以及特定于 C Shell 的语法结构。尽管 C Shell 在可用性和灵活性方面比 bash 差,但它仍然被一些用户喜爱和使用。

(4)Korn Shell(ksh):Korn Shell 是由贝尔实验室的 David Korn 开发的一种高级命令接口。Korn Shell 继承了 Bourne Shell 和 C Shell 的特点,并引入了许多新特性,如作业控制、命令编辑、自动补全等。Korn Shell 在可用性和功能方面比 bash 更强大,但使用较少。AIX 操作系统默认使用 Korn Shell。

(5)Z Shell(zsh):Z Shell 是一种功能强大的命令接口,既是 bash 和 ksh 的替代品,又有自己独特的特性。Z Shell 支持增强的命令补全、模糊查找、目录名展开等特性,并且具有易于定制和扩展的能力。MacOS 操作系统默认使用 zsh。

Shell 的发展时间线如图 2-1 所示。

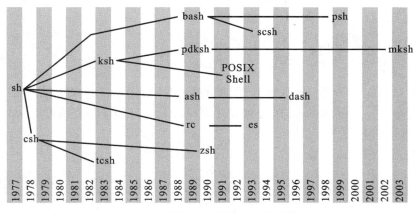

图 2-1 各种 Shell 的发展时间线图

2.1.2 PS1 提示符格式说明

PS1 命令用于定义命令行提示符的格式,默认的特殊符号所代表的意义如下。

\u:当前用户。

\h:主机名简称。

\H:主机名。

\w:当前工作目录。

\W:当前工作目录基名。

\t:24 小时时间格式。

\T:12 小时时间格式。

\ $:表示提示符,普通用户显示为 $,root 用户显示为♯。

!:命令历史数。

♯:开机后命令历史数。

范例 2-1:查看提示符设置 PS1,显示提示符格式。

```
[root@rk88 ~]#echo $ PS1
[\u@\h \W]\$
```

[\u@\h \W]\ $ 的含义就是显示[当前用户的账号名称@主机名的第一个名字 工作目录的最后一层目录名]♯。

2.1.3 命令提示符的修改

PS1 命令还可以修改命令提示符颜色。

在 PS1 中设置字符颜色的格式为:\[\e[F;Bm]......\[\e[0m\],以\[\e[F;Bm\]开头,以\[\e[0m\]结尾。"F"和"B"是颜色数字的占位符:"F"为字体颜色,编号为 30~37,"B"为背景色,编号为 40~47,编号均依次对应黑色、红色、绿色、黄色、蓝色、紫红色、青蓝色、白色。

如临时设置命令提示符显示效果为字体为红色,背景为黑色,在命令提示符下分别输入如下两行命令回车执行。

```
PS1='\[\e[31;40m\][\u@ \h \W]\$ \[\e[0m\]'
export PS1='\[\e[31;40m\][\u@ \h\W]\$ \[\e[0m\]'
```

如果只针对当前登录用户永久起作用,则直接在当前用户主目录下的. bashrc 文件最后添加上面两行命令。通过向 Shell 的配置文件中写入 PS1 环境变量新值可以永久修改命令提示符,此修改针对所有用户。

范例 2-2:永久修改命令提示符。

```
[root@rk88server ~]#echo 'PS1="\[\e[31m\][\u@ \h \W]\\$ \[\e[0m\]"' > =/
etc/profile.d/env.sh
[root@rk88server ~]#source /etc/profile.d/env.sh
[root@rk88server ~]#
```

2.2　命　令　概　述

2.2.1　命令的含义及执行过程

Linux 系统中凡是能在字符串操作界面中输入的能够完成特定操作和任务的字符串都可以称为"命令"。通常"命令"只代表了实现某一类功能的命令或程序的名称，其本质就是一个程序。

输入命令后按回车键，提请 Shell 程序找到键入命令所对应的可执行程序或代码，并由其分析后提交给内核分配资源将其运行起来。

2.2.2　命令的分类

命令可以分为内部命令和外部命令。

1. 内部命令

（1）内部命令指的是集成于 Shell 解释器程序内部的一些命令，也称为内建（built-in）命令。

（2）内部命令属于 Shell 的一部分，所以没有单独对应的系统文件，只要 Shell 解释器被运行，内部命令就自动载入内存，用户可以直接使用。

（3）内部命令无须从硬盘中重新读取文件，因此执行效率较高。

2. 外部命令

（1）外部命令指的是 Linux 系统中能够完成特定功能的脚本文件、二进制程序及可执行程序。

（2）外部命令属于 Shell 解释器程序之外的命令，每个外部命令对应系统中的一个文件。

（3）在 Linux 系统中必须知道外部命令对应的文件位置，Shell 才能够加载并运行。

内部命令和外部命令可能同时存在相同的名称，比如 echo，对于同名的内部命令和外部命令，外部命令是对内部命令的备份，在执行时依然是执行内部命令。

2.2.3　查看命令类型及命令路径

可以使用如下方式查看命令类型和路径。

1. type 命令

功能：查看一个命令是内部命令还是外部命令。

范例 2-3：查看 echo、mkdir 两个命令为外部还是内部命令。

```
[root@rk88 ~]#type echo
echo is a shell builtin
#显示为 shell builtin 则表示为内部命令
[root@rk88 ~]#type mkdir
mkdir is /usr/bin/mkdir
#显示为路径则表示此命令为外部命令
```

43

2. help 命令

功能：显示系统中所有内部命令，如图 2-2 所示。

```
[root@rk88 ~]#help
GNU bash, version 4.4.20(1)-release (x86_64-redhat-linux-gnu)
These shell commands are defined internally.  Type `help' to see this list.
Type `help name' to find out more about the function `name'.
Use `info bash' to find out more about the shell in general.
Use `man -k' or `info' to find out more about commands not in this list.

A star (*) next to a name means that the command is disabled.

 job_spec [&]                                                    history [-c] [
 (( expression ))                                               if COMMANDS; t
 . filename [arguments]                                         jobs [-lnprs]
 :                                                              kill [-s sigsp
 [ arg... ]                                                     let arg [arg
 [[ expression ]]                                               local [option]
 alias [-p] [name[=value] ... ]                                 logout [n]
 bg [job_spec ...]                                              mapfile [-d de
 bind [-lpsvPSVX] [-m keymap] [-f filename] [-q name] [-u name] [-r ke>  popd [-n] [+N
 break [n]                                                      printf [-v var
 builtin [shell-builtin [arg ...]]                              pushd [-n] [+N
 caller [expr]                                                  pwd [-LP]
 case WORD in [PATTERN [| PATTERN]...) COMMANDS ;;]... esac     read [-ers] [-
```

图 2-2　显示所有内部命令

3. enable 命令

功能：查看内部命令并进行管理。具体操作如下。

enable：查看所有启用的内部命令。

enable cmd：启用内部命令。

enable-n cmd：禁用内部命令。

enable-n：查看所有禁用的内部命令。

4. which 命令

功能：查看命令路径。

范例 2-4： 分别查看 mkdir、help 命令路径。

```
[root@rk88 ~]#which mkdir
/usr/bin/mkdir
[root@rk88 ~]#which help
/usr/bin/which: no help in
(/usr/local/sbin:/usr/local/bin:/usr/sbin:/usr/bin:/root/bin)
```

说明： 结果显示 mkdir 命令可执行文件完整路径，表明是外部命令，而 help 命令不在括号所示的路径中，则表示为内部命令，使用"which --skip-alias"命令查看的命令文件路径不显示别名。

范例 2-5： 利用 which 命令查看 ls 命令。

```
[root@rk88 ~]#which --skip-alias ls
/usr/bin/ls
[root@rk88 ~]#which  ls  #没有带--skip-alias选项,会把别名也显示出来
```

```
alias ls='ls --color=auto'
/usr/bin/ls
```

如果一个命令同时存在内部命令和外部命令,可参考范例 2-6。

范例 2-6:查看 echo 命令属于内部命令还是外部命令。

```
[root@rk88 ~]#type echo
echo is a shell builtin
[root@rk88 ~]#which echo
/usr/bin/echo
```

说明:which 命令搜索环境变量 PATH 路径中是否存在 which 后面这个可执行命令,有则显示路径。

2.2.4　hash 缓存表

系统初始 hash 缓存表为空,当外部命令执行时,默认在 PATH 路径下寻找该命令,找到后会将这条命令的路径记录到 hash 缓存表中,当再次使用该命令时,Shell 解释器首先会查看 hash 缓存表,存在则执行,如果不存在,将会去 PATH 路径下寻找,利用 hash 缓存表可大大提高命令的调用速度。

hash 命令常见用法如下。

hash:显示 hash 缓存。

hash -l:显示 hash 缓存,可作为输入使用。

hash -p path name:将命令全路径 path 起别名为 name。

hash -t name:打印缓存中 name 的路径。

hash -d name:清除 name 缓存。

hash -r:清除所有 hash 缓存。

范例 2-7:查看 hash 缓存表。

```
[root@rk88 ~]#hash
hitscommand
  1/usr/bin/ls
  1/usr/bin/tree
```

2.2.5　命令格式

2.2.5.1　命令语法

登录 Linux 后,就可以在 ♯ 或 $ 符号后面输入命令,有的时候命令后面还会跟着“选项”(options)或“参数”(arguments)。

中括号代表可选项,即有些命令不需要选项也不需要参数,但有的命令在运行时需要多个选项或参数。

在 Linux 的命令环境中,无论是文件名还是命令名,英文字符需要区分大小写。

(1)语法:Command [options] [arguments](命令 [选项] [参数])

（2）说明：

①多个选项以及多参数和命令之间使用空白字符分隔。

②取消和结束命令执行：Ctrl＋c,Ctrl＋d。

③多个命令可以用";"符号分开。

④一个命令可以用"\"分成多行。

2.2.5.2　命令选项

命令选项用于启用或关闭命令的某个或某些功能，例如：

（1）♯ shutdown -h now；

（2）♯ shutdown -r now。

shutdown 是关机重启命令，而选项-h 表示关机，选项-r 则表示重启。

命令选项分为短选项和长选项。

（1）短选项（short option）：由一个连字符和一个字母构成，比如-h、-l、-s 等（"-"后面接单个字母）。

①短选项都是使用"-"引导，当有多个短选项时，各选项之间使用空格隔开。

②有些命令的短选项可以组合，比如 ls 命令的三个常用选项-l、-h、-t 可以组合为-lht。

③有些命令的短选项可以不带"-"，比如 ps aux。

④有些短选项需要带参数（值），比如 tree -L 1 目录,-L 1 表示显示目录层级的深度是1 层,L 后面要带数值以表示层数。

（2）长选项：比如--help 等（"--"后面接单词）。

①长选项后面都是完整的单词。

②长选项通常不能组合。

③如果需要参数，长选项的参数通常需要添加"＝"，比如 ls --color＝auto。

2.2.5.3　命令参数

命令参数是命令的处理对象，通常情况下命令参数可以是文件名、目录（路径）名或者用户名等内容。命令参数的个数可以是零或多个，因命令功能不同而不同。

范例 2-8：ls 命令不加参数的时候显示的是当前目录，也可以添加参数，如 ls /dev，输出结果是/dev 目录。加选项-l 表示以长格式显示，加选项-t 则表示按时间排序。

```
[root@rk88 ~]#ls -lt
total 112
drwxr-xr-x  5 root root   62 Sep  7 08:08 work
-rwxr-xr-x  1 root root   59 Sep  6 21:21 test.sh
-rw-r--r--  1 root root  564 Sep  6 11:34 mysql.php
-rw-r--r--  1 root root   28 Sep  6 10:40 index.html
-rw-r--r--. 1 root root 5165 Sep  6 07:41 man_db.conf
-rwxr-xr-x. 1 root root  275 Sep  5 13:47 sh13.sh
-rwxr-xr-x. 1 root root  131 Sep  5 13:42 sh11.sh
-rwxr-xr-x. 1 root root  114 Sep  5 13:35 sh10.sh
```

```
[root@rk88 ~]#ls /home
jack mike rkuser1 rose stu tom user1 webuser1 webuser2
[root@rk88 ~]#pwd
/root
```

说明:ls 是命令名称,-lt 是两个短选项-l 和-t 的组合,/home 代表操作的对象,即查看 home 目录中的内容。

2.2.6　命令的执行顺序

内部命令是可以在输入后直接执行的。外部命令是第三方安装程序,所以一定要找到命令的可执行路径才能执行,假如有的第三方安装程序没有安装则无法执行,这个时候就需要安装后才能执行。

命令的执行原则如下。

(1)命令别名优先。

(2)查看是否为内部命令,如果是,则直接执行。

(3)如果是外部命令,则查看 hash 缓存表中是否有这个命令,如果有则直接按 hash 缓存表给出的路径执行。但如果 hash 缓存表中没有这个命令的路径缓存,那么系统就会到环境变量 PATH 指定的目录里面搜索是否有这个可执行的命令,系统将执行搜索到的第一个命令,如果搜索完成后这几个指定的目录里面都没有,则会显示没有这个命令。

注意:环境变量是操作系统中一个具有特定名字的对象,它包含了一个或者多个应用程序将使用到的信息。环境变量相当于给系统或用户应用程序设置的一些变量。环境变量一般是指在操作系统中用来指定操作系统运行环境的一些参数,比如临时文件夹位置和系统文件夹位置等。

范例 2-9:通过 echo 命令查看 PATH 环境变量值。

```
[root@rk88 ~]#echo $PATH
/usr/local/sbin:/usr/local/bin:/usr/sbin:/usr/bin:/root/bin
```

目录与目录之间用冒号分开。

以执行 ls 命令为例,如图 2-3 所示。

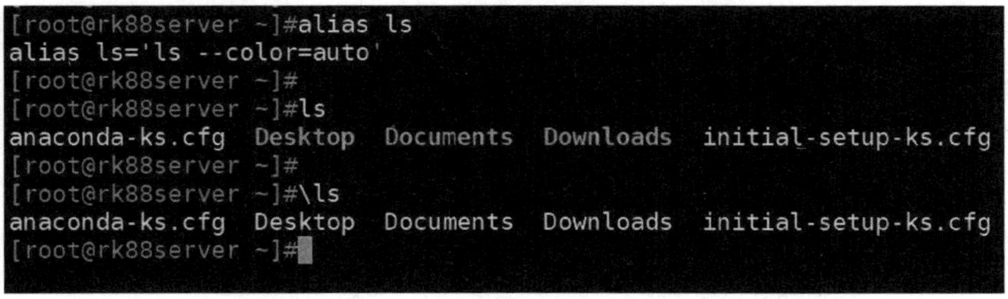

```
[root@rk88server ~]#alias ls
alias ls='ls --color=auto'
[root@rk88server ~]#
[root@rk88server ~]#ls
anaconda-ks.cfg  Desktop  Documents  Downloads  initial-setup-ks.cfg
[root@rk88server ~]#
[root@rk88server ~]#\ls
anaconda-ks.cfg  Desktop  Documents  Downloads  initial-setup-ks.cfg
[root@rk88server ~]#
```

图 2-3　ls 命令使用原命令和使用别名时的显示区别

2.2.7　管理别名

在 Linux 系统中，别名是一种简化命令输入的方法，它允许用户为常用命令或命令序列创建简短的替代名称。通过定义别名，用户可以提高工作效率并降低输入复杂命令的错误率。

可以使用 alias 命令来定义、查看、修改和删除当前定义的别名。

常用选项：

alias：显示当前定义的所有别名列表。

alias 别名＝'命令'：定义一个新的别名，可覆盖原有的别名。

unalias 别名：删除指定的别名。

范例 2-10：将编辑网卡配置文件的命令操作临时设置别名 vimip。

```
[root@rk88 ~]# alias vimip = 'vim /etc/sysconfig/network - scripts/ifcfg -
ens160'
```

默认情况下，通过 alias 命令定义的别名仅在当前会话中有效，一旦会话结束，别名将失效。如果希望别名在每次登录时都能自动生效，可以将别名定义添加到适当的配置文件中。

常见的配置文件包括：

（1）～/. bashrc：用于个人用户的 bash 配置。

（2）～/. bash_profile：用于个人用户的 bash 登录配置。

（3）/etc/bash. bashrc：用于全局 bash 配置。

（4）/etc/profile：用于全局登录配置。

可以使用文本编辑器打开相应的配置文件，将别名定义添加到文件末尾，并保存更改。

例如，在～/. bashrc 文件中添加别名：alias lt＝' ls -lt '。

保存文件后，重新登录或执行 source ～/. bashrc 命令使别名生效。

范例 2-11：查看当前系统中的所有别名。

```
[root@rk88 ~]#alias
alias cp='cp -i'
alias egrep='egrep --color=auto'
alias fgrep='fgrep --color=auto'
alias grep='grep --color=auto'
alias l.='ls -d .* --color=auto'
alias ll='ls -l --color=auto'
.........................内容过多，后面省略.........................
```

如果别名与原命令同名，可以使用下面 5 种方式中任何一种来执行原命令。

（1）\aliasname；

（2）"aliasname"（双引号）；

（3）'aliasname'（单引号）；

（4）commandaliasname；

（5）/path/commmand。

2.2.8　Tab 键及历史记录

2.2.8.1　命令及路径补全

在 Linux 中,Tab 键常用于命令及路径补全。

1. 命令补全

用户给定的字符串只有一条唯一对应的命令,则直接补全,否则,再次按 Tab 键给出以给定的字符串开头的命令列表。如果没有与输入的字符串匹配的结果,则不提示任何信息。

2. 文件目录路径补全

把用户给出的字符串当做路径开头,并在其指定的上级目录下搜索以指定字符串开头的文件名或者目录,如果唯一则直接补全,否则再次按 Tab 键给出列表。如果没有与输入的字符串匹配的结果,则不提示任何信息。

2.2.8.2　命令行历史记录

当用户在 Shell 中输入命令执行后,系统会把前面执行过的命令保存起来,这样就可以重复执行命令。

登录 Shell 时,会读取命令历史文件中记录下的命令～/. bash history,登录 Shell 后新执行的命令只会记录在缓存中;这些命令会在用户退出时"追加"至命令历史文件中。

命令历史记录相关设置和操作说明如下。

(1)系统默认设置可以保存 1000 条历史记录。

(2)重复前一个命令有 4 种方法:使用上方向键,并回车执行;按!!并回车执行;输入!-1并回车执行;按 Ctrl+p 并回车执行。

(3)!:0:执行前一条命令(去除参数)。

(4)Ctrl +n:显示当前历史中的下一条命令,但不执行。

(5)Ctrl +j:执行当前命令。

(6)!n:执行 history 命令输出对应序号为 n 的命令。

(7)!-n:执行 history 历史中倒数第 n 个命令。

2.3　常用的基础命令

2.3.1　编辑命令行的辅助操作

反斜杠"\":如果输入的一行命令内容太长,终端会自动换行。有时为了美观和方便查看,可以插入"\"来进行强制换行,在下一行出现的"＞"提示符后可以继续输入内容,作为上一行命令的延续。

Ctrl+u 快捷键:快速删除当前光标前的所有字符内容。

Ctrl+k 快捷键:快速删除当前光标后的所有字符内容。

Ctrl+l 快捷键(字母 l):快速清空当前屏幕的显示内容,只在左上角显示命令提示符。相当于 clear 命令。

Ctrl＋c 快捷键：取消当前命令行的编辑，并切换为新的一行命令提示符。

2.3.2 日期和时间命令

在 Linux 系统中，主要有如下两种时钟。

硬件时钟（Real Time Clock，RTC）：即使系统关闭也能保持更新。硬件时钟通常由主板上的电池供电，以保持时间的准确性。

系统时钟（System Clock）：也称为软件时钟，它是内核中的一个内部时间计数器，用于记录系统自启动以来的时间。系统时钟不受硬件断电的影响，但在系统重启后需要同步到硬件时钟。

同步这两个时钟通常是自动进行的，但也可以手动使用命令来查看或调整它们。

常用的时间查看命令：

（1）date：显示当前系统时钟时间。

（2）hwclock --show 或 clock --show：显示当前硬件时钟时间。

2.3.2.1 date 命令

date 命令用于显示或设置系统时钟的时间与日期。

语法：date［＋指定的格式］

用户只需在 date 命令后输入以"＋"号开头的参数，系统即可按照指定格式输出时间或日期，这样在日常工作时便可以把备份数据的命令与指定格式输出的时间信息结合到一起。

常用选项：

date ＋s％：显示自 1970 年 0 时 0 分 0 秒到目前经历的秒数。

date ＋％a：显示今天周几。

date ＋％F：显示完整的日期。

date ＋"％F ％T"或 date "＋％F ％T"：显示完整的时间日期。

date ［MMDDhhmm［［CC］YY］［.ss］］：设置系统时间。

1.查看和设置系统时间

范例 2-12：按照默认格式查看当前系统时间。

```
[root@rk88 ~]#date
Tue Jun 18 12:29:10 CST 2024
```

范例 2-13：设置系统时间为 2024 年 10 月 10 日 15 时 15 分 10 秒。

```
[root@rk88 ~]#date 101015152024.10
```

范例 2-14：将系统当前时间设置为 2024 年 12 月 10 日 10 点 30 分。

```
[root@rk88 ~]#date -s "20241210 10:30:00"
```

假如系统、硬件时间都是错误的，这种情况下可以用 ntpdate 命令连接一台时间正确的服务器校正时间。

2.日期格式字符串列表

在实际使用中可以借助帮助来查阅下面格式含义或者查阅 man 手册,注意大小写。

%H:小时,24 小时制(00~23)。

%I:小时,12 小时制(01~12)。

%k:小时,24 小时制(0~23)。

%l:小时,12 小时制(1~12)。

%M:分钟(00~59)。

%p:显示出 AM 或 PM。

%r:显示时间,12 小时制(hh:mm:ss %p)。

%s:从 1970 年 1 月 1 日 00:00:00 到目前经历的秒数。

%S:显示秒(00~59)。

%T:显示时间,24 小时制(hh:mm:ss)。

%X:显示时间的格式(%H:%M:%S)。

%Z:显示时区,日期域(CST)。

%a:星期的简称(Sun~Sat)。

%A:星期的全称(Sunday~Saturday)。

%h,%b:月的简称(Jan~Dec)。

%B:月的全称(January~December)。

%c:日期和时间(Tue Nov 20 14:12:58 2012)。

%d:一个月的第几天(01~31)。

%x,%D:日期(MM/DD/YY)。

%j:一年的第几天(001~366)。

%m:月份(01~12)。

%w:一个星期的第几天(0 代表星期天)。

%W:一年的第几个星期(00~53,以星期一为第一天)。

%y:年的最后两个数字(1999 则是 99)。

范例 2-15：格式化输出时间,按年月日时分秒输出。

```
[root@rk88 ~]#date +"%Y%m%d%H%M%S"
20240618123221
```

2.3.2.2　hwclock 命令

hwclock 命令是一个硬件时钟命令工具,它可以显示当前时间、设置硬件时钟的时间和设置硬件时钟为系统时间,也可设置系统时间为硬件时钟的时间。

常用选项:

--hctosys:将系统时钟调整为与目前的硬件时钟一致。

--systohc:将硬件时钟调整为与目前的系统时钟一致。

--set --date=<日期与时间>:设定硬件时钟。

--show:显示硬件时钟的时间与日期。

--utc:若要使用格林尼治标准时间,请加入此参数,hwclock 命令会执行转换的工作。

--version：显示版本信息。

范例 **2-16**：不加任何参数使用 hwclock 命令，可以查看当前硬件时钟的日期和时间。

```
[root@rk88 ~]#hwclock
2024-10-06 21:41:14.728430+08:00
```

范例 **2-17**：显示硬件时钟的时间与日期。

```
[root@RockyServer ~]#hwclock --show
2024-03-06 16:02:19.729043+08:00
[root@RockyServer ~]#hwclock --systohc
[root@RockyServer ~]#hwclock --show
2024-03-10 10:33:01.697916+08:00
[root@RockyServer ~]#
```

范例 **2-18**：设置硬件时间与目前的系统时间一致。

```
[root@RockyServer ~]#hwclock -systohc
[root@RockyServer ~]#hwclock --systohc --utc
```

红帽 8 系列系统必须同时修改系统时间和硬件时间，才能保证修改有效。仅使用 date 命令修改系统时间虽可立即生效，但重启后系统会自动还原。

范例 **2-19**：修改系统时间同步。

```
[root@rk88 ~]#timedatectl show    #查看目前本地的时间和时区
[root@rk88 ~]#hwclock --show    #查看硬件的时间
[root@rk88 ~]#timedatectl set-timezone Asia/Shanghai    #时区设定
```

如果硬件时间和系统时间不同，那就对硬件的时间进行修改。

```
[root@rk88 ~]#hwclock --set --date '2024-10-15 15:15:15'    #设置硬件时间为
24 年 10 月 15 日 15 点 15 分 15 秒
[root@RockyServer ~]#hwclock --show    #再次查看硬件的时间
2024-10-15 15:15:17.822999+08:00
[root@RockyServer ~]#hwclock -s    #硬件时间同步到系统时间
```

如果是系统时间同步到硬件时间，则使用 hwclock -w。

```
[root@RockyServer ~]#hwclock --hctosys    #设置系统时间和硬件时间同步
[root@RockyServer ~]#clock -w    #保存时钟
```

2.3.3　关机和重启命令

　　Linux 是主要应用于服务器环境下的操作系统，系统中的服务程序提供重要服务，同时还有运维技术人员在线操作，为了保护系统的稳定性和数据的完整性，用户需要使用正确的关机命令来关闭系统。以直接断掉电源的方式来关闭 Linux 是十分危险的，因为 Linux 与 Windows 不同，其后台运行着许多进程，所以强制关机可能会导致进程的数据丢失，使系统处于不稳定的状态，不正常关机还可能造成文件系统的损坏，甚至在有的系统中会损坏硬件设备。

所以正常情况下,准备关机时需要注意以下几点。

(1)观察系统的使用状态。如果要查看目前在线的用户,可以下达 who 命令;如果要查看网络的连线状态,可以下达 netstat -a 命令;如果要查看背景执行的程序,可以执行 ps -aux 命令。使用这些命令可以了解主机目前的使用状态,从而判断是否可以关机。

(2)通知在线用户关机的时刻。关机前需要给在线的用户一些时间来结束他们的工作,所以,这个时候可以使用 shutdown 的特别命令来实现此功能。

下面是与关机/重启相关的命令。

1. shutdown 命令

语法:shutdown [选项] [时间] [警告信息]

功能:安全地将系统关机或重启。

在 Linux 中,可以利用 shutdown 命令实现自动定时关机功能,并且在关机前向系统上所有登录用户提供一条警告信息。shutdown 命令还可以设置精确时间和时间段来控制关机操作。

常用选项:

-k:只发送警告信息给所有用户,而不进行真正的关机操作。

-r:关机后立即重新启动。

-h:关机后不重新启动。

-f:快速关机并重新启动时跳过文件系统检查。

-n:快速关机时不经过 init 程序。

-c:取消已运行的 shutdown 命令。

shutdown 命令执行的工作是发送信号给 init 程序,要求它改变运行级别(runlevel)。

范例 2-20:关机示例——shutdown 命令。

```
[root@rk88 ~]#shutdown -h now   #立即关机。
[root@rk88 ~]#shutdown -h 23:30   #系统会在今天 23:30 关机。
[root@rk88 ~]#shutdown -h 30   #30 分钟后关机。
[root@rk88 ~]#shutdown -h 10 'This server will shutdown after 10 mins'
#计算机将在 10 分钟后关机,同时向在线用户发送警告信息。
```

2. halt 命令

halt 命令就是调用 shutdown -h。halt 命令执行时,"杀死"应用进程,执行 sync 系统调用,文件系统写操作完成后就会停止内核。

范例 2-21:关机示例——halt 命令。

```
[root@rk88 ~]#halt   #立即关机
[root@rk88 ~]#halt -n   #防止执行 sync 系统调用后关机
```

3. poweroff 命令

poweroff 命令可以立即将系统关机,并关闭电源。

范例 2-22:关机示例——poweroff 命令。

```
[root@rk88 ~]#poweroff        #立即关机,并关闭电源
```

4. init 命令

init 命令可以将系统切换到指定的运行级别(runlevel)。Linux 一共有 7 个运行级别。

从 RHEL7 开始,已经逐渐淡化了以前的 7 个级别概念,而是设定为不同目标模式,但是对以前的级别兼容。比如关机和重启仍然可以分别使用 init 0 和 init 6(表 2-1)。

语法:init [选项] 运行级别

表 2-1　Linux 运行级别状态说明

选项(级别)	说明
0	关机
1	单用户模式(只有 root 用户可以登录)
6	重启计算机

范例 2-23:进入不同级别则表示相应的操作(关机,重启)。

```
[root@rk88 ~]#init 0    #切换到 runlevel 0,关机
[root@rk88 ~]#init 6    #切换到 runlevel 6,重启计算机
```

5. reboot 命令

reboot 命令可重启服务器。

在 RHEL 系列的系统中只有 root 用户才能进行 shutdown、reboot 等命令。

2.3.4　用户登录信息查看命令

whoami:显示当前登录有效用户。

who am i:系统当前登录的用户及操作。

who:系统当前所有的登录会话。

w:系统当前所有的登录会话及所做的操作。

last:显示用户最近登录信息。单独执行 last 命令会读取位于 /var/log/ 目录下名称为 wtmp 的文件,并把该文件中记录的登录用户名全部显示出来。

2.3.5　查看系统基本信息命令

范例 2-24:查看操作系统版本信息。

```
[root@RockyServer ~]#cat /etc/redhat-release
```

范例 2-25:查看主机名称。

```
[root@RockyServer ~]#hostname
```

范例 2-26：修改主机名。

```
[root@RockyServer ~]#hostnamectl set-hostnamerk8server
```

范例 2-27：查看 CPU 信息。

```
[root@RockyServer ~]#lscpu
```

范例 2-28：查看内存。

```
[root@RockyServer ~]#free -h
```

范例 2-29：查看硬盘信息。

```
[root@RockyServer ~]#lsblk
```

2.3.6　修改系统默认语言

语言设置位于/etc/loacle.conf 文件中，利用 nano 命令修改该文件。

范例 2-30：将 LANG="en_US.UTF-8" 改为 LANG="zh_CN.UTF-8"。

```
[root@rk88 ~]#cat /etc/locale.conf
LANG="en_US.UTF-8"
[root@rk88 ~]#nano /etc/locale.conf    #将 LANG="en_US.UTF-8" 改为 LANG=
"zh_CN.UTF-8"
```

2.4　使用帮助

Linux 系统中能够使用的命令数量繁多，具体选项各不相同，使用格式也存在细微区别。对于 Linux 系统命令的更多选项和使用格式，可以通过在线帮助查询。下面是常用的几种方式。

2.4.1　whatis 命令

功能：查看命令的功能。

在安装 Linux 的时候，可能没有生成 whatis 命令的数据库，所以第一次使用 whatis 命令时会提示没有结果（nothing appropriate）。如果出现无法使用 whatis 命令的情况，那就先生成 whatis 数据库。

RHEL 7 版本以前生成数据库命令：makewhatis。

RHEL 7 版本以后生成数据库命令：mandb。

范例 2-31：第一次执行 whatis 命令时的情况。

```
[root@rk88server ~]#whatis ls
  ls: nothing appropriate.
```

范例 2-32：使用 mandb 生成数据库。

```
[root@rk88 ~]#mandb
Processing manual pages under /usr/share/man/overrides...
Updating index cache for path '/usr/share/man/overrides/man8'. Wait...done.
Checking for stray cats under /usr/share/man/overrides...
[root@rk88 ~]#whatis ls
ls (1)                  -list directory contents
ls (1p)                 -list directory contents
```

2.4.2　help 命令

功能:查看命令类型;提供命令帮助。

help 命令本身是 Linux Shell 中的一个内建命令,用途是查看各 Shell 内部命令的帮助信息。使用 help 命令时,只需要添加内部命令的名称作为参数即可。例如"help pwd""help cd"等。

对于大多数 Linux 外部命令来说,可以使用一个通用的命令长选项"--help",显示对应命令字的格式及选项等帮助信息。若该命令字没有"--help"选项,一般只会提示简单的命令格式。

1. 查看命令类型

语法:help(不需要带任何选项和参数)

功能:显示所有内部命令。

2. 查看内部命令帮助

语法:help 命令

范例 2-33:利用 help 命令查看 cd 命令的帮助,如图 2-4 所示。

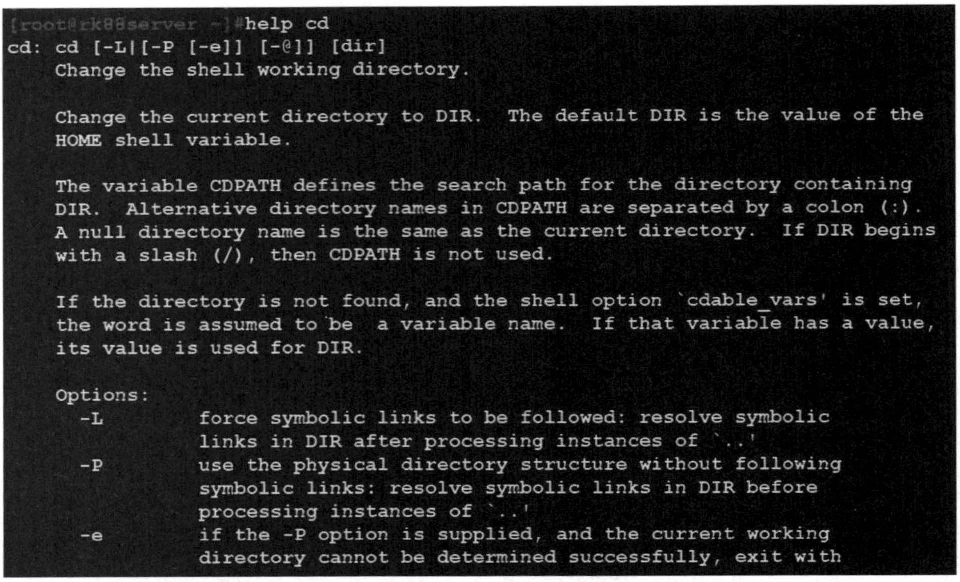

```
[root@rk88server ~]#help cd
cd: cd [-L|[-P [-e]] [-@]] [dir]
    Change the shell working directory.

    Change the current directory to DIR.  The default DIR is the value of the
    HOME shell variable.

    The variable CDPATH defines the search path for the directory containing
    DIR.  Alternative directory names in CDPATH are separated by a colon (:).
    A null directory name is the same as the current directory.  If DIR begins
    with a slash (/), then CDPATH is not used.

    If the directory is not found, and the shell option `cdable_vars' is set,
    the word is assumed to be  a variable name.  If that variable has a value,
    its value is used for DIR.

    Options:
      -L        force symbolic links to be followed: resolve symbolic
                links in DIR after processing instances of `..'
      -P        use the physical directory structure without following
                symbolic links: resolve symbolic links in DIR before
                processing instances of `..'
      -e        if the -P option is supplied, and the current working
                directory cannot be determined successfully, exit with
```

图 2-4　查看内部命令 cd 的帮助

3.查看外部命令帮助信息

语法:命令 --help

范例 2-34:利用 help 命令查看外部命令的帮助信息,如图 2-5 所示。

```
[root@rk88server ~]#ls --help
Usage: ls [OPTION]... [FILE]...
List information about the FILEs (the current directory by default).
Sort entries alphabetically if none of -cftuvSUX nor --sort is specified.

Mandatory arguments to long options are mandatory for short options too.
  -a, --all                  do not ignore entries starting with .
  -A, --almost-all           do not list implied . and ..
      --author               with -l, print the author of each file
  -b, --escape               print C-style escapes for nongraphic characters
      --block-size=SIZE      with -l, scale sizes by SIZE when printing them;
                             e.g., '--block-size=M'; see SIZE format below
  -B, --ignore-backups       do not list implied entries ending with ~
  -c                         with -lt: sort by, and show, ctime (time of last
                             modification of file status information);
                             with -l: show ctime and sort by name;
                             otherwise: sort by ctime, newest first
```

图 2-5　显示外部命令帮助信息

2.4.3　man 手册

man 手册(manual page)是 Linux 系统中最常用的一种系统级别帮助。绝大部分的外部软件在安装时为执行程序、配置文件提供了详细的帮助手册页。阅读 man 手册时,按 Page Up 键和 Page Down 可以向上、向下翻页显示,按"Q"或"q"键可以随时退出手册页的阅读环境。按"/"键后可以对手册内容进行查找,若找到的结果有多个,可以按"n"或者"N"键分别向下、向上进行定位选择。

当命令为内部命令时,如果用 man 手册,则会显示所有内部命令信息内容,所以内部命令帮助一般使用 help 命令来获取帮助。

/KEYWORD:以 KEYWORD 指定的字符串为关键字,从当前位置向文件尾部搜索;不区分字符大小写。

? KEYWORD:以 KEYWORD 指定的字符串为关键字,从当前位置向文件首部搜索;不区分字符大小写。

注意:有的命令在不同文件中都有帮助手册,如 read 命令。

```
[root@rk88 ~]#whatis read
read (1)                -bash built-in commands, see bash(1)
read (1p)               -read a line from standard input
read (2)                -read from a file descriptor
read (3p)               -read from a file
```

但并非每个命令都有 man 手册。

范例 2-35:在命令提示符后输入 man 命令,以 ls 命令帮助为例来说明 man 手册的结构(图 2-6)。

57

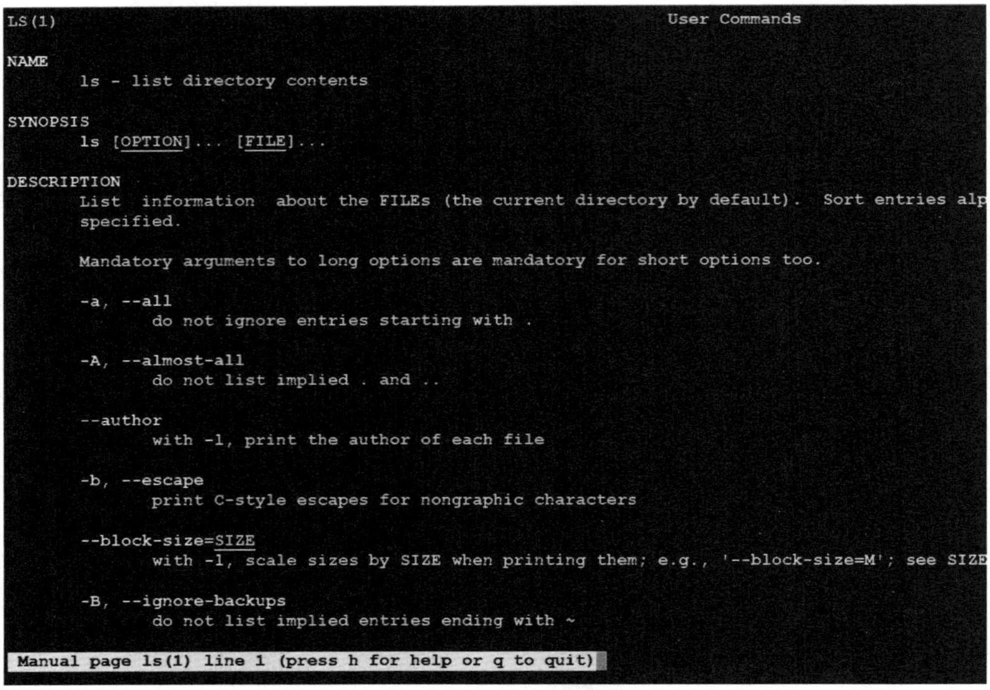

```
LS(1)                                                              User Commands

NAME
       ls - list directory contents

SYNOPSIS
       ls [OPTION]... [FILE]...

DESCRIPTION
       List  information  about  the FILEs (the current directory by default).  Sort entries alp
       specified.

       Mandatory arguments to long options are mandatory for short options too.

       -a, --all
              do not ignore entries starting with .

       -A, --almost-all
              do not list implied . and ..

       --author
              with -l, print the author of each file

       -b, --escape
              print C-style escapes for nongraphic characters

       --block-size=SIZE
              with -l, scale sizes by SIZE when printing them; e.g., '--block-size=M'; see SIZE

       -B, --ignore-backups
              do not list implied entries ending with ~

Manual page ls(1) line 1 (press h for help or q to quit)
```

图 2-6   man 手册的结构图

man 手册部分内容说明如表 2-2 所示。

表 2-2   man 手册的部分内容说明

代号	内容说明
NAME	简短的命令、资料名称说明
SYNOPSIS	简短的命令下达语法（syntax）简介
DESCRIPTION	较为完整的说明
OPTIONS	针对 SYNOPSIS 部分中，有列举的所有可用的选项说明
COMMANDS	当这个程序（软件）在执行的时候，可以在此程序（软件）中下达的命令
FILES	这个程序或资料所使用或参考或连接到的某些文件
SEE ALSO	可以参考的，与这个命令或资料有关的其他说明
EXAMPLE	一些可以参考的范例

有时除了这些外，还可能看到 AUTHORS 与 COPYRIGHT 等，不过很多时候仅有 NAME 与 DESCRIPTION 等部分。

man 手册第 1 行括号中显示的数字的说明如下。

1：用户命令。

2：系统调用。

3：C 库调用。

4：设备文件及特殊文件。

5：配置文件格式。

6：游戏。

7：杂项。

8：管理类的命令。

9：Linux 内核 API。

范例 2-36：查看 passwd 的帮助。

可以使用 whatis 查看与 passwd 命令相关的 man 手册，针对具体的情况查看帮助，数字 1 表示 passwd 普通命令帮助，数字 5 则表示是 passwd 这个用户文件的内容说明（man 帮助显示不在此列出）。

```
[root@rk88 ~]#whatis passwd
openssl-passwd (1ssl) -compute password hashes
passwd (1)            -update user's authentication tokens
passwd (5)            -password file
```

2.5　上机实践

（1）使用 Xshell 终端连接服务器，并尝试打开几个终端进行快速连接。

（2）查看服务器系统基本信息，比如系统版本、硬件资源的基本信息。

（3）用命令关机和重启服务器。

（4）修改系统时间为当前时间半个小时以后，修改成功后查看修改效果，再把时间改回当前正确的时间。

（5）使用 man 手册，查看 date、shutdown、whatis 命令的帮助。

任务 3　文件目录管理

◆ **任务描述**

本次任务主要介绍 Linux 文件目录结构、文件目录路径、常用的目录管理命令、链接文件及文件查找相关操作命令的基本使用。

◆ **知识目标**

1. 了解 FHS，理解 FHS 的主要内容。
2. 理解文件目录路径。
3. 掌握常用的文件目录管理相关命令。

◆ **技能目标**

1. 具备正确切换目录路径的能力。
2. 具备熟练使用常用的文件目录管理命令的能力。
3. 具备熟练使用文件查找命令的能力。

◆ **素养目标**

1. 执行复制命令时注意数据丢失风险，培养质量意识与安全意识，增强责任感。
2. 掌握硬链接和符号链接相关知识，培养资源管理能力、团队合作精神和解决问题的能力。

3.1　文件目录管理概述

3.1.1　FHS

在早期的 Unix 系统中，各个厂家都定义了自己文件系统的命名构成，比较混乱，而且难以区分。所以，为了避免 Linux 系统也出现这种命名混乱的问题，FSSTND（Filesystem Standard，文件系统标准）于 1994 年出现。后来 Unix 团队把 FSSTND 发扬光大，成为后来的 FHS（Filesystem Hierarchy Standard，文件系统层次结构标准）。FHS 标准使得众多的 Linux 发行版有了统一的文件系统命名标准，换言之，FHS 就是一种文件系统的命名标准。一般来说，Linux 发行版都需要遵循 FHS 规定。

FHS 是由 Linux 基金会维护的，帮助发行版厂商和开发者们使用共同的标准来约定其发行的 Linux 系统或开发的软件。

FHS 是多数 Linux 版本采用的文件组织形式,采用树形结构组织文件。FHS 定义了系统中每个区域的用途、所需要的最小构成的文件和目录,还给出了例外处理与矛盾处理的方法。

Linux 和 Unix 中的文件系统是一个以"/"为根的倒置树状式文件结构,"/"是 Linux 和 Unix 中的根目录,同样也是文件系统的起点。所有的文件和目录都位于"/"路径下,包括经常见到的 /usr、/etc、/bin、/home 等。

但是,FHS 仅仅定义了两层规范,涉及目录结构和目录内容以及文件类型的权限。

第一层是"/"下面的各个目录要放什么文件数据,比如 /etc 下面需要放设置文件,/bin 和 /sbin 下面需要放可执行文件等;第二层是针对 /usr 和 /var 这两个目录来定义的,比如 /usr/share 需要放共享数据,/var/log 需要放系统登录文件等。

下面重点介绍 Linux 文件系统目录结构及存放内容。

3.1.2　Windows 文件系统的目录结构

在 Windows 系统中,查看文件时先进入相应的盘符,然后进入文件目录,如路径为 C:\windows\system32\notepad.exe 或 C:\CentOS 光盘。

3.1.3　Linux 文件系统的目录结构

Linux 只有一个根目录,而且文件和目录被组织成一个单根倒置的树结构。Linux 是一个单根文件系统,此结构最上层是根目录,用"/"表示。

在 Linux 系统中,文件和目录的一些基本特点如下:

(1)文件名称区分大小写。

(2)以"."开头的文件为隐藏文件或目录。

(3)以"/"分隔路径。

(4)文件有两类数据:元数据用来描述一个文件的特征的系统数据,如权限、所有者等信息;数据泛指普通文件中的实际数据。

(5)文件名规则:文件名最长为 255 个字节;包括路径在内的文件名称最长为 4095 个字节。

图 3-1 是典型的红帽系列发行版的目录结构。

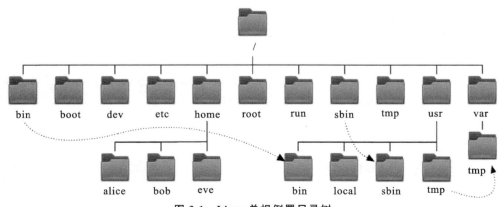

图 3-1　Linux 单根倒置目录树

根目录是整个系统中最重要的一个目录,后续的目录都是以根目录为基础衍生的。更重要的一点在于,根目录与开机、还原、系统修复有关。由于系统开机需要特定的环境,所以系统出现错误时,根目录也必须包含能够修复文件系统的程序。FHS 规定不要将根目录的分区设置得过大,实际上是越小越好,以减少出错率。

根目录是 Linux 文件系统的起点,根目录所在的分区称为根分区。FHS 同样规定了/etc、/bin、/dev、/lib、/sbin 这五个重要目录被要求一定要放在根目录所在分区(根分区),即这几个目录不能使用独立分区。因为 Linux 出现问题时,救援模式通常仅挂载根目录。

Linux/Unix 下,整个文件系统都"挂"在根目录/ 下。与 Windows 不同的是,可以将任意的磁盘分区"挂载"到根目录下的任意目录(这个目录被称为"挂载点"),这个磁盘分区里的文件或者目录都成了挂载点下的文件或者子目录。(这和 Windows 管理文件系统是完全不同的两个理念,Windows 把每个磁盘分区分别映射成一个 C/D/E... 盘符,很显然 Linux/Unix 更为灵活、方便。)

除了挂载磁盘,Linux/Unix 甚至支持挂载其他的设备,比如将 U 盘、移动硬盘、共享文件夹和内存设备等挂载到某个挂载点(目录),从而方便用户使用。

在 Linux 系统中,所有内容都以文件的形式保存和管理,即"一切皆文件"。普通文件是文件,目录(Windows 下称为文件夹)也是文件,硬件设备(键盘、监视器、硬盘、打印机)、套接字(socket)、网络通信等资源也都是文件。

3.1.4　目录存放内容

1.　/ 根目录

整个 Linux 文件系统层次结构的根,整个目录以根为起点。

2.　/bin 目录

该目录包含单用户模式可用的必要命令(可执行文件),面向所有用户,例如:cat、ls、cp 等。从 RHEL 7 版本开始/bin 目录是 /usr/bin 的软链接。

3.　/boot 目录

该目录包含启动系统所需的文件,例如 GRUB 引导加载程序的文件和 Linux 内核都存储在此目录下。通常位于一个单独的分区中。

4.　/dev 目录

该目录包含许多代表设备的特殊文件。在 Linux 中一切皆文件,设备也被看成一个文件,访问该文件就相当于访问对应设备。例如,/dev/sda 表示系统中的第一个 SATA 驱动器。还包含伪设备,它们实际上是与硬件不对应的虚拟设备。例如,/dev/random 产生随机数,/dev/null 是一种特殊的设备,它不产生任何输出并自动丢弃所有输入。

5. /etc 目录

该目录包含系统范围内的配置文件。

注意:/etc 目录包含系统范围的配置文件,特定于用户的配置文件位于每个用户的家目录中。

6. /home 目录

该目录包含每个用户的家目录。例如:用户 xiaoming 的家目录为 /home/xiaoming,在用户家目录下包含该用户的数据文件和用户特定的配置文件。每个用户仅对其自己的家目录具有访问权,并且必须获得管理员权限(root 权限)才能修改系统上非该用户的文件。通常也将家目录设置为一个单独的分区。

7. /root 目录

该目录为 root 用户的家目录。root 用户不同于普通用户,家目录并不是 /home/root。

8. /run 目录

/run 目录是一个相当新的目录,它为应用程序提供了一个标准位置来存储所需的临时文件,例如套接字和进程 ID。这些文件无法存储在 /tmp 中,因为/tmp 中的文件会被删除。早期的 FHS 规定系统开机后所产生的各项信息应该放置到/var/run 目录下,新版的 FHS 则规定这些信息要置于/run 目录下。

9. /sbin 目录

该目录包含基本二进制文件,这些二进制文件通常由 root 用户运行以进行系统管理。

10. /tmp 目录

该目录用来存储临时文件,系统在重启时会自动清理该目录下的文件,所以不要将重要文件放到这个目录下。

11. /usr 目录

该目录包含用户使用的应用程序和文件,而不是系统使用的应用程序和文件。例如,非必需的应用程序位于 /usr/bin 目录而不是 /bin 目录中,非必需的系统管理二进制文件位于/usr/ sbin 目录而不是 /sbin 目录中。默认情况下,/usr/local 目录是本地编译的应用程序安装目录,这样可以防止它们破坏系统的其他部分。

注意:usr 不是"user"的缩写,而是"Unix Software Resource"的缩写。

12. /var 目录

该目录包含系统运行中内容不断变化的文件,如日志、脱机文件和临时电子邮件文件,有时是一个单独的分区。

13. /lib 目录

该目录包括/bin 和 /sbin 目录中二进制文件需要的库文件。/usr/bin 目录中的二进制文件所需的库位于 /usr/lib 中。

14. /media 目录

该目录为可移除媒体(如 CD-ROM)的挂载点。例如,将 CD 插入 Linux 系统时,系统将在/media 目录中自动创建一个目录,就可以在此目录中访问 CD 的内容。

15. /mnt 目录

该目录是临时挂载文件系统的位置。例如,/mnt 目录挂载 U 盘,用户可以通过挂载的文件访问 U 盘内容。

16. /opt 目录

该目录为可选应用软件包目录。

17. /proc 目录

该目录是一个虚拟的目录,它是系统内存的映射,可以通过直接访问这个目录来获取系统信息。

18. /srv 目录

该目录为系统提供的服务的数据,一些服务启动后,保存服务所需要的数据。

19. /cdrom 目录

该目录不是 FHS 的一部分,但是在 Ubuntu 和其他操作系统上都可以看到它。这是系统中插入 CD-ROM 的临时位置。但是,临时媒体的标准位置在/media 目录中。

20. /lost+found 目录

该目录用于存放系统异常时文件的碎片,以便于进行恢复。如果文件系统崩溃,则将在下次启动时执行文件系统检查。

3.1.5 应用程序的组成部分

通常情况下,一个应用程序包含 4 类存放相关文件的目录,即系统在安装一个应用程序时,会把文件分成以下 4 类存放。

二进制程序:/bin,/sbin,/usr/bin,/usr/sbin,/usr/local/bin,/usr/local/sbin。

库文件:/lib,/lib64,/usr/lib,/usr/lib64,/usr/local/lib,/usr/local/lib64。

配置文件:/etc,/etc/DIRECTORY,/usr/local/etc。

帮助文件:/usr/share/man,/usr/share/doc,/usr/local/share/man,/usr/local/share/doc。

3.1.6 目录树特点

(1)单棵树,目录树起点为根,用"/"表示。

(2)根目录必须要对应一个物理分区,这个分区挂载到根目录,同时也被叫作根分区。

(3)根目录下的其他子目录可以对应独立分区,也可以不对应独立分区。如果没有独立分区子目录,则存放文件时占用根分区空间,如果是独立挂载出去的,则占用对应的挂载物理分区空间,但在逻辑表现上它们仍然是一个单根目录树,访问入口都得从根目录开始。

(4)目录分割符号为"/"。

(5)Linux 不能单独对应分区的目录如下。

/etc:配置文件目录。

/bin:普通用户可以执行的命令保存目录。

/dev:设备文件保存目录。

/lib:函数库和内核模块保存目录。

/sbin:超级用户才可以执行的命令保存目录。

/root:root 用户的家目录。

3.2　文件路径的表示

每一个文件都存放在一个倒置树状目录结构的一个节点中,就像"树叶"一样。当用户想访问特定的文件时,需要指定此"树叶"文件处于哪个"树枝"下,即需要指定文件路径。

在 Linux 中,文件的路径指的就是该文件存放的位置,例如/home/tom 表示 tom 文件或者目录所存放的位置。只要告诉 Linux 系统某个文件存放的准确位置,它就可以找到这个文件。通常情况下,文件的路径分为两种:绝对路径和相对路径。

3.2.1　绝对路径

绝对路径即从根目录开始详细描述每一级下层目录的路径,其表现形式上的明显特征为从根目录"/"开始。这种表示方法通常被称为 full name 表示法,即完整路径表示法。比如:/usr/share/man,/etc/fstab,/var/log,/etc/sysconfig/network。

绝对路径必须以一个正斜线"/"开始,包括从根节点到达要查找的对象(目录或文件)所必须遍历的每一个目录的名字,是文件位置的完整路径。绝对路径以文件或者目录的完整路径名表示。

3.2.2　相对路径

相对路径则为针对某个目录的相对路径,其表现形式上的明显特征为不以根目录"/"开始,而是以当前位置作为出发点去寻找目标在目录树上的节点。为了方便地表示相对路径,利用"./"表示当前所在目录,利用"../"表示上一级目录。

相对路径不以正斜杠"/"开始,包含从当前目录出发到达要查找的对象所必须遍历的每一个目录的名字,一般情况下比绝对路径短。

开发软件项目时,通过相对路径方式可以保证在软件安装到不同目录时,这个项目里面的文件目录引用的相对位置不发生变化。

范例 3-1:相对路径的表示。

图 3-2 为一个简单目录树结构。

若当前所在目录为 share,目标是/usr/local 目录,相对路径则如图 3-3 所示。

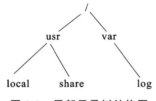

图 3-2　局部目录树结构图

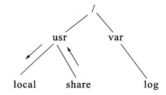

图 3-3　/usr/local 相对路径

箭线代表遍历方向,相对路径表示为../local,../表示回到 share 的上一级目录,即 usr 目录。那么用相对路径表示要找到/var/log 目录,则为../../var/log,如图 3-4 所示。

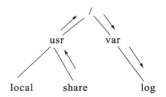

图 3-4　/var/log 相对路径

这个例子可以比较形象地理解为"猴子爬树"。规则是只能顺着树干爬,不能横向跳跃。向上爬则用..来表示一层,用../../表示两层,用../../../表示三层,以此类推,因为上级目录名称是唯一的,所以在系统中就以..这样的通配符来表示上一级目录。方向向下则是具体的目录名称,因为子目录名称有很多个,所以必须使用具体名称。

比如,现在有这样一个目录结构:/usr/local/nginx/etc,/usr/local/nginx/bin 及 /usr/local/nginx/man。当前所在目录为/usr/local/nginx/etc,若要进入 man 目录,则表示为../man。..表示 etc 目录的上一级目录/usr/local/nginx/,../man 则表示 /usr/local/nginx/man。

对于文件而言,如果目标文件和源文件在同一个节点下,则不需要"爬树"了,可直接引用。图 3-5 为一个简单的网站目录文件结构。

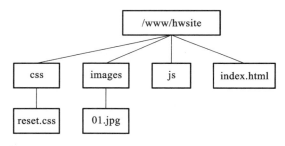

图 3-5　简单网站目录树结构

范例 3-2:在 index. html 网页中引用 01. jpg 图片文件。

在 index. html 文件引用时将路径写成 ./images/01. jpg。./则表示在 index. html 当前所在目录下,这样的写法路径结构清楚,也可以直接写成 images/01. jpg。

范例 3-3:在 reset. css 中引用 01. jpg。

路径为../images/01. jpg 或./../images/01. jpg。

二者的区别就是前面是否有./,一般情况下可以省略./,但在特殊情况下不可以省略。比如,在当前路径下运行脚本就不可以省略。

从上例子中可以清楚地看到,对于文件而言,../表示当前文件所在目录的上一级目录,使用./来表示当前文件所在目录,对于目录而言,../表示当前目录所在上一级目录。

3.2.3　特殊符号表示的目录

在 Linux 中,还有如下几个特殊符号表示的目录,可以帮助用户快速切换目录。

.(一个点):表示当前工作目录,也可以用./来表示。如./images/01. jpg。另一个用途就是执行可执行文件,一般是脚本,比如 ./demo. sh,此时 ./不能省略,因为省略了就变成去 PATH 路径中查找是否存在这个文件,而不是在当前目录下寻找这个文件。

..(两个点):表示当前工作目录的上一层目录,通常也用 ../ 来代表。

～:表示当前用户的 home 目录(家目录)。

-:表示上一次工作目录,相当于 Windows 中的"后退"。

～用户名:波浪线后面没有空格,直接连接用户名,表示用户名所指向的家目录,比如 ～tom。

范例 3-4:切换到 tom 用户的家目录。

```
[root@rk88 ~]#cd ~tom
[root@rk88 tom]#pwd
/home/tom
```

3.2.4 取得完整路径的文件名称与目录名称

每个文件的完整文件名包含了前面的目录与最终的文件名,那么该如何区分目录和文件名呢? 可以利用正斜杠(/)来分辨。一般在编写程序的时候需要获得文件名或目录名称,所以这部分的命令可以用在 Shell scripts 中。用户可以使用命令 basename 和 dirname 来取得文件所在目录名和文件本身的名称。

范例 3-5:通过 basename 命令获得文件本身的名称。

```
[root@rk88 ~]#basename /etc/sysconfig/network
network        #路径最后就是文件本身的名称
```

范例 3-6:通过 dirname 命令获得文件所在目录名称。

```
[root@rk88 ~]#dirname /etc/sysconfig/network
/etc/sysconfig     #文件所在目录名称
```

3.3 文件目录管理常用命令

3.3.1 cd 命令

语法:cd [目标路径]

功能:使用 cd 命令可以更改当前工作目录,以便在目标目录中执行操作。

这个命令需要提供目录路径,可以是相对路径或绝对路径。如果省略了目录路径,那么默认会切换到当前用户的家目录。

比如系统中有 stu 用户,默认情况下创建时 stu 用户的家目录是/home/stu,而 root 家目录则是/root,假设以 root 用户身份登录 Linux 系统,cd 命令的用法如下所示。

范例 3-7:切换到用户 stu 的家目录,即/home/stu。

```
[root@rk88 ~]#cd ~stu
```

范例 3-8：回到自己的家目录，此处表示结果是 /root 这个目录。

```
[root@rk88 stu]#cd ~
```

范例 3-9：回到自己的家目录的另外一种写法。

```
[root@rk88 ~]#cd
```

注意：没有加上任何路径，同样代表回到自己的家目录。

范例 3-10：回到上层目录。

```
[root@rk88 ~]#cd ..
```

此语句表示去到目前的上层目录，即 /root 的上层目录，此处即表示回到根目录。

范例 3-11：回到上一次工作的目录，也就是 /root 目录。

```
[root@rk88 /]#cd -
```

范例 3-12：绝对路径的写法，直接指定完整路径名称。

```
[root@rk88 ~]#cd /var/spool/mail
```

范例 3-13：相对路径的写法，由 /var/spool/mail 去到 /var/spool/cron。

```
[root@rk88 mail]#cd ../cron
```

3.3.2 pwd 命令

语法：pwd［选项］
功能：pwd 是 Print Working Directory 的缩写，用于显示目前所在的目录。
常用选项：
-P：显示出真实的路径，而非使用链接（link）路径。
范例 3-14：显示出目前的工作目录。

```
[root@rk88 ~]#pwd
/root  #表示当前目录在/root
```

范例 3-15：使用-P 选项显示出实际的工作目录

```
[root@rk88 ~]#cd /var/mail  #注意，/var/mail 是一个软链接
[root@rk88 mail]#pwd
/var/mail  #列出目前的工作目录
[root@rk88 mail]#pwd -P
/var/spool/mail  #实际目录
[root@rk88 mail] #ls -ld /var/mail
lrwxrwxrwx. 1 root root 10 May  4 17:51 /var/mail -> spool/mail
```

因为 /var/mail 是链接目录，链接到 /var/spool/mail 目录，所以加上 pwd -P 选项后，不以链接的资料显示，而是显示正确的完整路径。

由于很多的软件所使用的目录名称都相同,例如 /usr/local/etc 和/etc,但是 Linux 通常仅列出最后面的一个目录,这个时候就可以使用 pwd 来查看当前所在目录,避免造成错误的操作。

3.3.3　ls 命令

3.3.3.1　ls 命令介绍

语法:ls [选项] [文件名或目录名]

功能:列出当前目录的内容或指定目录的内容,或者指定文件的信息。ls 是 list 的缩写,通过 ls 命令不仅可以查看 Linux 文件夹包含的文件,而且可以查看文件权限(包括目录、文件夹、文件权限)和目录信息等。

选项说明:

-a:显示全部的文件,包括隐藏文件(开头为 . 的文件、目录)。

-l:列出文件的属性与权限等资料。

-A:显示全部的文件,包括隐藏文件,但不包括 . 与 .. 这两个目录。

-d:仅列出目录本身,而不是列出目录内的文件资料,只显示当前目录自身,通常和-l 搭配使用来显示当前目录自身的权限和属性信息。

-f:直接列出结果,而不进行排序(ls 命令会默认以文件名排序)。

-F:根据文件、目录等信息,给予附加资料结构,即文件类型指示符,例如:＊代表可执行档,/代表目录,＝代表 socket 文件,|代表 FIFO 文件,@表示链接文件。

-h:将文件容量以用户较易读的方式(例如 GB、KB 等)列出来。

-i:列出 inode 编号。在 Linux 文件系统中,保存在磁盘分区中的文件都被分配了一个编号,称为索引节点号。

-r:将排序结果反向输出,例如:原本文件名由小到大,反向则为由大到小。

-1:一行显示一个。

-m:以逗号作为输出条目分割符。

-R:连同子目录内容一起列出来,即该目录下的所有文件都会显示出来。

-S:以文件大小排序,而不是用名称排序。

-t:依修改时间排序,最新修改的文件排在最前面。

--color＝never:不要依据文件特性给予颜色显示。

--color＝always:显示颜色。

--color＝auto:让系统自行依据设定来判断是否给予颜色显示。

--full-time:以完整时间模式(包含年、月、日、时、分)输出,可以精确到纳秒。

--time＝{atime,ctime}:输出读文件或改变权限属性时间(ctime)而非内容变更时间(modification time)。

默认显示的只有:非隐藏文件的文件名,以文件名进行排序并用不同颜色表示不同类型的文件目录。文件颜色与文件目录类型说明:蓝色代表目录,绿色代表可执行文件,红色代表压缩文件,浅蓝色代表链接文件,灰色代表其他文件。

范例 3-16:使用 ls 命令查看文件目录详细信息。

在命令提示符后输入 ls -l,显示内容如图 3-6 所示。

```
[root@rk8 ~]#ls -l
total 8
-rw-------. 1 root root 1273 Dec  7 19:27 anaconda-ks.cfg
drwxr-xr-x. 2 root root    6 Dec  7 19:32 Desktop
drwxr-xr-x. 2 root root    6 Dec  7 19:32 Documents
drwxr-xr-x. 2 root root    6 Dec  7 19:32 Downloads
-rw-r--r--. 1 root root 1580 Dec  7 19:32 initial-setup-ks.cfg
drwxr-xr-x. 2 root root    6 Dec  7 19:32 Music
drwxr-xr-x. 2 root root    6 Dec  7 19:32 Pictures
drwxr-xr-x. 2 root root    6 Dec  7 19:32 Public
drwxr-xr-x  5 root root   59 Mar 15 07:11 somesite
drwxr-xr-x. 2 root root    6 Dec  7 19:32 Templates
drwxr-xr-x. 2 root root    6 Dec  7 19:32 Videos
```

图 3-6   ls 命令详细信息显示内容

各项显示信息说明如下。

第 1 行为总计(total)。total 后面的数字是指当前目录下所有文件占用的空间总和。可以使用 ls -lh 查看,也可使用 ls -alh 查看。第 1 行的 total 8 表示当前目录下的所有内容大小为 8kB。这里指的是目录本身的大小,而不是目录中所包含的所有文件及子目录容量。

因为目录中实际存放的主要信息是文件名和文件所在的 inode 信息,除去第 1 行,后面的每行信息显示一个文件或者目录,而每行信息可以分为以下几部分。

(1)详细信息中第 1 列和第 2 列共 10 个字符,第 1 列字符表示文件类型,下面是文件类型符号的说明。

-:普通文件。

普通文件又大致可以分为 3 类。

①纯文本文件(ASCII):这是 Unix 系统中最多的文件类型。设置文件几乎都属于这种文件类型。举例来说,使用命令"cat ~/. bashrc"就可以看到该文件的内容(cat 表示将文件内容显示出来)。

②二进制文件(binary file):系统仅可识别和执行二进制文件。Linux 中的可执行文件(不包括脚本、文本方式的批处理文件)就是这种格式的。举例来说,命令 cat 就是一个二进制文件。

③数据文件(data file):有些程序在运行过程中,会读取某些特定格式的文件,那些特定格式的文件可以称为数据文件。举例来说,Linux 在用户登录时,会将登录数据记录在 /var/log/wtmp 文件内,该文件是一个数据文件,它能通过 last 命令读出来。但使用 cat 时,会读出乱码,因为它是一种特殊格式的文件。

d:目录文件。

b:块设备,以块的方式进行数据读写,磁盘设备就是典型的块设备。

c:字符设备,以字符的方式进行读写,比如键盘设备。

l:符号链接文件,类似 Windows 中的快捷方式。

p:管道文件,实现两个进程间互相通信,但是是单项通信,一个程序发一个程序读,两个程序不能同时读或者发。

s:套接字文件,实现两个进程间双向通信,两个进程可以同时进行读和写。

(2)详细信息中每行第 2 列有 9 个字母,每 3 个一组可以分成 3 组,分别表示所属用户、所属用户组、其他用户对该文件的读写权限。

r:表示可读。

w:表示可写。

x:表示可执行。

-:表示不具备相应权限。

(3)第 3 列的数字表示目录文件里面包含的下一级子目录数量(包括普通目录文件和隐藏目录文件)。如果是文件,则表示该文件的链接数。

(4)第 4 列表示所属用户。

(5)第 5 列表示所属用户组。

(6)第 6 列为文件大小,以字节为单位。

(7)第 7 列为文件的 mtime,表示文件内容的修改时间。

(8)第 8 列为文件或目录名称。

3.3.3.2　详细信息中的目录大小

Linux 系统中,目录(directory)也是一种文件。打开目录,实际上就是打开目录文件。目录文件的结构非常简单,就是一系列目录项的列表。每个目录项由两部分组成:所包含文件的文件名和该文件名对应的 inode 编号。

ls -al 命令实际显示的就是目录文件的大小,而不是文件夹及其下面的文件的总大小,又因为 OS 定义的文件最小存取单位"块"(block)是 4KB,所以目录一般显示为 4096 字节。

3.3.3.3　文件目录的时间属性说明

ls -l 显示的时间是文件的修改时间。

一个文件一般有如下几个时间属性。

access time(atime):读文件时间。

modify time(mtime):内容修改时间。

change time(ctime):元数据变化时间。

birth time(crtime):文件创建时间。

3.3.3.4　Linux 文件的通配符说明

(1) * :0 个或多个字符(不包括隐藏文件)。

(2)?:单个任意字符(中文也算一个字符)。

(3)[]:匹配一个范围或者其中一个字符。

表示匹配范围,例如:

①[a-z]:匹配 a~z。

②[A-Z]:匹配 A~Z。

③[^a-z]:匹配列表中的所有字符以外的字符。

表示匹配其中一个字符,例如:

①[asdfg]:匹配这几个字符中的其中一个。

②[^fdsfs]:匹配列表中的所有字符以外的字符。

Linux 预定义的字符类:

①[[:lower:]]:任意小写字母,表示 a~z。

②[[:upper:]]: 任意大写字母,表示 A~Z。

③[[:digit:]]:任意数字,相当于 0~9。

④[:alpha:]：任意大小写字母。

说明：因为下列范例有可能显示内容过多或者过长，因此只列出命令，不列出结果。

范例 3-17：显示当前目录下的内容。

```
[root@rk88 ~]#ls
```

范例 3-18：显示当前目录下的内容，并且包含隐藏文件及目录。

```
[root@rk88 ~]#ls -am
```

范例 3-19：显示/var 目录下的内容，按时间排序。

```
[root@rk88 ~]#ls -t /var
```

范例 3-20：显示/etc/rc.d 目录下的目录。

```
[root@rk88 ~]#ls -d /etc/rc.d/*
```

说明：此范例在指定对象时，表示显示/etc/rc.d/*下所有内容，*表示 0 个或多个字符，-d 表示只显示目录，不能写成 ls -d /etc/rc.d/，这样就变成显示/etc/rc.d 本身了。

范例 3-21：以一行一个对象显示用户主目录下的内容，不包含隐藏文件，只显示名称。

```
[root@rk88 ~]#ls -1
```

说明：后面这个选项是数字 1。

范例 3-22：以时间排序显示/boot 目录下的内容。

```
[root@rk88 ~]#ls -t /boot
```

范例 3-23：以大小排序显示/var/log 目录下的内容。

```
[root@rk88 ~]#ls -Slh /var/log
```

说明：-S 表示按照大小降序排列，l 是字母 L 的小写，h 用于显示单位以便查看。

范例 3-24：显示/etc 目录下所有以 r 开头，以一个小写字母结尾，且中间出现至少一位数字的文件或目录列表。

```
[root@rk88 ~]#ls  /etc/r*[0-9]*[[:lower:]]
```

范例 3-25：显示/etc/目录下所有以 rc 开头，后面是 0～6 之间的数字，其他为任意字符的文件或目录列表。

```
[root@rk88 ~]#ls  /etc/rc[0-6]*
```

范例 3-26：显示/etc 目录下，所有以.conf 结尾，且以 m、n、r、p 开头的文件或目录列表。

```
[root@rk88 ~]#ls  /etc/[mnrp]*.conf
```

范例 3-27：只显示/root 下的隐藏文件和目录列表。

```
[root@rk88 ~]#ls -a /root/.*
```

范例 3-28：只显示/etc 下的隐藏目录列表。

```
[root@rk88 ~]#ls -d /etc/.*
```

说明:-d 表示不进入目录中,只查看目录本身。

3.3.4　tree 命令

语法:tree [选项] [目录...]

功能:用于以树状图列出目录的内容。执行 tree 命令,它会列出指定目录下的所有文件,包括子目录里的文件。

注意:默认情况下没有安装这个命令,需要单独安装 tree 软件包,或者利用 yum 安装:在命令提示符后输入 yum install tree。

常用选项:

-a:显示所有文件和目录。

-L n:显示层级深度,n 为数字,表示指定的层级深度,当用此选项时,数字 n 不可以缺少。

-d:只显示目录。

-f:显示完整的路径名称。

范例 3-29:显示当前目录下的文件和目录。

```
[root@rk88 ~]#tree
├── anaconda-ks.cfg
├── Desktop
```

范例 3-30:只显示指定目录/boot 的两级目录深度。

```
[root@rk88 ~]#tree -L 2 /boot
/boot
├── config-4.18.0-477.10.1.el8_8.x86_64
├── efi
│   └── EFI
├── grub2
│   ├── device.map
│   ├── fonts
```

范例 3-31:显示完整的相对路径。

```
[root@rk88 ~]#tree -f
.
├── ./anaconda-ks.cfg
├── ./Desktop
├── ./Documents
├── ./Downloads
├── ./hello.sh
├── ./initial-setup-ks.cfg
```

3.3.5　stat 命令

语法：stat［选项］...　文件名...

功能：用于展示文件或文件系统的状态，即元数据。元数据即用来描述文件相关信息的数据，而不是存储的数据本身。

范例 3-32：查看/etc/passwd 文件的元数据信息。

```
[root@rk88 ~]#stat /etc/passwd
  File: /etc/passwd
  Size: 2553    Blocks: 8     IO Block: 4096     regular file
Device: fd00h/64768d Inode: 135519680   Links: 1
Access: (0644/-rw-r--r--)  Uid: (  0/  root)  Gid: (  0/  root)
Context: system_u:object_r:passwd_file_t:s0
Access: 2024-08-03 09:01:56.171230655+0800
Modify: 2024-08-03 09:01:55.572230694+0800
Change: 2024-08-03 09:01:55.585230693+0800
Birth: 2024-08-03 09:01:55.572230694+0800
```

元数据内容说明如下。

File：文件名。

Size：文件大小（单位：字节）。

Blocks：文件所占扇区个数，为 8 的倍数（通常 Linux 的扇区大小为 512 字节，连续八个扇区组成一个 Block）。

IO Block：每个数据块的大小（单位：字节）。

regular file：普通文件（此处显示文件的类型）。

Inode：文件的 inode 编号。

Links：硬链接次数。

Access：权限。

Uid：属主 ID/属主名。

Gid：属组 ID/属组名。

时间戳的含义如下。

Access：Access time(atime)，是指取用文件的时间，常见的取用操作有使用编辑器查看文件内容，使用 cat 命令显示文件内容，使用 cp 命令把该文件（即来源文件）复制成其他文件，或者在这个文件上运用 grep、sed、more、less、tail、head 等命令，凡是读取文件的操作，均改变文件的 Access time。

Modify：Modify time(mtime)，是指修改文件内容的时间，只要文件内容有改动（如使用转向输出或转向附加的方式）或存盘的操作，就会改变文件的 Modify time，使用 ls -l 查看文件时，显示的时间就是 Modify time。

Change：Change time(ctime)，是指文件属性或文件位置改动的时间，如使用 chmod、chown、mv 命令集和使用 ln 做文件的链接，都会改变文件的 Change time。

3.3.6 mkdir 命令

语法：mkdir［选项］目录名称

功能：创建目录。

常用选项：

-m：设定文件的权限。直接设定，不受默认权限（umask）的限制。

-p：帮助用户直接将所需要的目录（包含上层目录）递归建立起来，当该目录已经存在时，系统也不会显示错误。

-v：显示创建过程。

范例 3-33：在/tmp 下创建 test 目录。

```
[root@rk88 ~]#cd /tmp
[root@rk88 tmp]#mkdir test   #建立一个名为 test 的新目录
```

范例 3-34：递归在当前目录下创建 test1/test2/test3/test4 目录。

```
[root@rk88 tmp]#mkdir test1/test2/test3/test4
mkdir: cannot create directory 'test1/test2/test3/test4': No such file
or directory
```

系统显示不能建立这个目录，这是因为指定的目标路径中某些父目录不存在。

```
[root@rk88 tmp]#mkdir -p test1/test2/test3/test4
```

加了-p 选项后，系统就可以自行建立多层目录。

范例 3-35：建立权限为 rwx--x--x 的目录。

```
[root@rk88 tmp]#mkdir -m 711 test2
[root@rk88 tmp]#ls -ld test*
drwxr-xr-x. 2 root   root   6 Jun   4 19:03 test
drwxr-xr-x. 3 root   root 18 Jun   4 19:04 test1
drwx--x--x. 2 root   root   6 Jun   4 19:05 test2
```

3.3.7 rmdir 命令

rmdir 命令用于删除空目录，它的使用和 mkdir 命令非常类似，mkdir -p 用于递归创建目录，同样地，rmdir -p 也能够递归删除目录。

3.3.8 touch 命令

语法：touch［选项］文件

功能：可以用来创建空文件或刷新已有文件的时间戳。如果文件不存在，则创建文件；如果文件存在，则刷新时间戳（三个时间戳都刷新），但是不会覆盖源文件。

常用选项：

-a：仅改变 atime 和 ctime。

-m：仅改变 mtime 和 ctime。

-t [[CC]YY]MMDDhhmm[.ss]：指定 atime 和 mtime 的时间戳。

-c：如果文件不存在，则不予创建。

范例 3-36：利用 mkdir 命令创建/data/test 目录，再在此目录中创建 f1.txt 文件。

```
[root@rk88 ~]#mkdir -pv /data/test
mkdir: created directory '/data'
mkdir: created directory '/data/test'
[root@rk88 ~]#cd /data/test
[root@rk88 test]#touch f1.txt
[root@rk88 test]#ls
f1.txt
```

3.3.9　file 命令

语法：file 文件或目录

功能：查看文件类型。

文件可以包含多种类型的数据，file 命令通过读取文件的元数据来判断文件类型。可以使用 file 命令检查文件的类型，然后确定适当的打开命令或使用对应的应用程序。

Linux 文件对后缀没有要求，即便是二进制可执行程序后缀改成了.txt 也照样可以执行，但是执行时需要写上文件后缀，否则会提示找不到文件。因为不加后缀执行，系统会认为执行的还是原来的程序文件。比如，把/usr/bin/ls 改成/usr/bin/ls.txt，那么执行命令时就要用 ls.txt 而不是 ls。

范例 3-37：利用 file 命令分别查看/etc、/bin/ls、var/mail 类型。

```
[root@rk88 test]#file /etc
/etc: directory
[root@rk88 test]#file /bin/ls
/bin/ls: ELF 64-bit LSB shared object, x86-64, version 1 (SYSV), dynamically
linked, interpreter /lib64/ld-linux-x86-64.so.2, for GNU/Linux 3.2.0,
BuildID[sha1]=ddcbef552f9c2ea0dbe2a1f38c312d26e0ac975b, stripped
[root@rk88 test]#file /var/mail
/var/mail: symbolic link to spool/mail
[root@rk88 test]#
```

3.3.10　cp 命令

语法：cp [选项] 源文件 目标文件

功能：cp 命令是 Linux 中用于复制文件或目录的命令，其功能是将源文件或目录复制到指定的目标位置。

其中,选项是可选的参数,用于指定复制操作的行为;源文件是要复制的文件或目录;目标文件是指定复制到的位置,可以是文件名(如果是单个文件的复制)或目录名(如果是多个文件或目录的复制),有多个源文件时目标位置只能是也必须是目录。

常用选项:

-a:相当于-d、-p、-r 选项的组合,通常在复制目录时使用,表示保留链接、属性并递归地复制整个目录。

-d:当复制符号连接时,把目标文件也建立为符号连接,指向与源文件连接的原始文件。

-f:强制复制文件,不论目标是否存在都会进行覆盖。

-i:在覆盖已存在的文件之前先询问用户是否确认覆盖。

-l:对源文件建立硬链接而非复制文件本身。

-p:保留原始文件的属性信息,包括所有者、所属组、权限和时间戳等。

-r/-R:递归处理,将目录下的所有文件和子目录一并复制过去,通常用于复制整个目录树结构。当源文件中有目录时必须添加这个选项。

-s:对源文件建立软链接而非实际复制文件内容到目标位置。

-u:仅当源文件比目标更新或者目标不存在时才执行复制操作。

-v:显示详细的命令执行过程信息,方便调试和查看进度情况等。

注意:如果同时指定了多个源文件(目录)作为输入参数[各源文件(目录)之间用空格分隔],则最后一个参数必须是一个已经存在的目录,因为此时会将前面所有的源文件都复制到这个目录中。

比如可以使用 cp -rv/source/ * /destination/将/source/目录下的所有内容递归复制到/destination/目录下,并且会显示详细的复制过程和结果信息以便用户跟踪和管理这个过程。

复制时的原则如表 3-1 所示(DEST 表示目标文件或目录,SRC 表示源文件)。

表 3-1　复制原则

源	目标		
	不存在	存在且为文件	存在且为目录
一个文件	新建 DEST,并将 SRC 中内容填充至 DEST 中	将 SRC 中的内容覆盖至 DEST 中注意数据丢失风险。建议用 -i 选项	在 DEST 下新建与原文件同名的文件并将 SRC 中内容填充至新文件中
多个文件	提示错误	提示错误	在 DEST 下新建与原文件同名的文件,并将原文件内容复制进新文件中
目录必须使用-r 选项	创建指定 DEST 同名目录,复制 SRC 目录中所有文件至 DEST 下	提示错误	在 DEST 下新建与原目录同名的目录,并将 SRC 中内容复制至新目录中

当要实现强制复制,不能使用 cp 命令的别名。当遇到命令别名时,可以在前面加"\"以使用原命令。

范例 3-38:将/etc/fstab 复制到/tmp 目录。

```
[root@rk8 ~]#cp /etc/fstab /tmp
[root@rk8 ~]#
```

范例 3-39：将/etc/fstab 文件复制到/tmp 目录，并且改名为 fstab.bak。

```
[root@rk8 ~]#cp /etc/fstab /tmp/fstab.bak
```

说明：复制一个文件时，可以同时修改文件的名称。

范例 3-40：将/etc/inittab、/etc/motd、/etc/man_db.conf 复制到/tmp 目录。

```
[root@rk8 ~]#cp /etc/inittab /etc/motd /etc/man_db.conf /tmp
[root@rk8 ~]#ls /tmp
fstab.bak  inittab  man_db.conf  motd
[root@rk8 ~]#
```

范例 3-41：将/etc/inittab、/etc/fstab 复制到当前目录下。

```
[root@rk8 tmp]#cp /etc/inittab /etc/fstab ./
```

说明：当前目录作为目标位置时，一定不能省略不写，可以使用 . 或者 ./ 通配符。如果把命令写为[root@rk8 tmp]#cp /etc/inittab /etc/fstab，系统会把/etc/inittab 文件复制到/etc/目录下，并且将名字改成 fstab，而 fstab 是开机时要加载的目录树分区中一个非常重要的配置文件，这种操作会导致系统启动失败。

范例 3-42：将/etc/、/boot、/var 目录复制到 /tmp 目录下。

```
[root@rk8 tmp]#cp /etc/ /boot /var ./
cp: -r not specified; omitting directory '/etc/'
cp: -r not specified; omitting directory '/boot'
cp: -r not specified; omitting directory '/var'
```

输出上述命令后，系统报错。正确写法如图 3-7 所示。

图 3-7　复制目录时必须使用-r 选项

下面的写法和图 3-7 有所不同，* 表示目录下所有内容，表示把目录下的所有内容复制到目标位置，但是不包含目录本身。

```
[root@rk8 tmp]#cp -r /etc/* /boot/* /var/* ./
```

范例 3-43：在当前目录下创建一个/etc/inittab 文件的软链接。

```
[root@rk8 tmp]#cp -s /etc/inittab ./
[root@rk8 tmp]#ll
total 0
lrwxrwxrwx 1 root root 12 Mar 28 14:10 inittab -> /etc/inittab
```

3.3.11 mv 命令

mv 命令的用法与 cp 命令相同,区别在于 mv 命令的功能是剪切移动,可以用于文件或目录改名,但对目录操作时,这个命令不需要-r 选项来递归。

3.3.12 rm 命令

语法:rm[选项] 文件或目录

功能:删除文件或目录。

删除数据需要慎重,不要随便删除数据。初学者尽量避免用这个命令去删除系统中已经有的文件或者目录,可以把文件复制到/tmp 或者是用自己新建的目录文件来操作。

常用选项:

-i:为了避免误删除文件,可使用该选项,以提示用户确认是否删除。

-f:强制删除,使用该选项后将不提示所删除的文件。

-v:显示文件的删除进度。

-r:删除某个目录及其中所有的文件和子目录。

范例 3-44:删除/root/data 目录下的文件。

```
[root@rk8 data]#pwd
/root/data
[root@rk8 data]#rm ./fstab
rm: remove regular file './fstab'? y
[root@rk8 data]#rm -f ./inittab
[root@rk8 data]#
```

范例 3-45:清空实验文件夹/data。

```
[root@RK ~]#rm -rf /data/*
```

范例 3-46:清空当前用户所在实验目录下所有内容。

```
[root@RK data]#rm -rf ./*
[root@RK data]#rm -rf *
```

注意:此处的./ * 或者 * 不能写成/ * ,否则会删除系统下的所有文件。

3.4 链 接 文 件

3.4.1 链接文件分类

在 Linux 中链接文件分为两类,一种是硬链接,另外一种是符号链接。

1.硬链接

硬链接(hard link)是指多个文件名指向同一个物理文件的链接。多个硬链接共享同一个索引节点号,因此它们在文件系统中的位置相同,且没有任何区别。每个硬链接都是一个完整的文件名,都可以作为原始文件名使用,并且都可以对文件进行读写操作。

硬链接有如下特性:

(1)创建硬链接会增加额外的记录项以引用文件。

(2)对应于同一文件系统上同一个物理文件(即同一个分区)。

(3)每个目录项引用相同的 inode 编号。

(4)创建时链接数递增。

(5)删除文件时,rm 命令递减计数的链接,文件要存在至少一个链接数,当链接数为零时,该文件被删除。

(6)不能跨越驱动器或分区。

(7)不支持对目录创建硬链接。

2.符号链接

符号链接(symbolic link,也称作软链接)是指一个特殊类型的文件,它包含了指向另一个文件的路径名。符号链接本身是一个文件,其中包含的路径名指向另一个文件。当访问符号链接时,实际上是访问链接所指向的文件。与硬链接不同,符号链接指向的是文件名,而不是物理文件。

符号链接特点:

(1)一个符号链接的内容是它引用文件的名称。

(2)可以对目录创建符号链接。

(3)可以跨分区的文件实现。

(4)指向的是另一个文件的路径,其大小为指向的路径字符串的长度,不增加或减少目标文件 inode 的引用计数。

3.硬链接和符号链接的区别

(1)硬链接只能链接同一文件系统中的文件,而符号链接可以跨越文件系统。

(2)硬链接会共享同一个索引节点,因此它们必须指向同一个物理文件,而符号链接可以指向任意文件或目录。

(3)删除源文件对硬链接没有任何影响,因为它们共享同一个索引节点,而删除源文件会导致符号链接失效。

(4)硬链接不会建立 inode,只是将文件原来的 inode 链接数量再增加 1,也因此硬链接是不可以跨越文件系统的。删除硬链接源文件的时候,系统调用会检查 inode 链接数量,如果它大于等于 1,那么 inode 不会被回收,文件的内容不会被删除,相当于删除了一个索引。而符号链接文件的概念类似于 Windows 里的快捷方式,多个链接文件同时指向一个"源文件"。符号链接其实就是一个专门用来指向别的文件的文件。删除符号链接对源文件没有任何影响,但删除源文件,则相应的符号链接不可用。

(5)硬链接实际上是为文件建一个别名,链接文件和源文件实际上是同一个文件。而符号链接建立的是一个指向,即链接文件内的内容是指向源文件的指针,它们是两个文件。

硬链接不可以对一个不存在的文件名(filename)进行链接(Linux 会自动新建一个文件名为 filename 的文件),其文件必须存在,inode 必须存在,符号链接可以;硬链接不可以对目录进行连接,符号链接可以。两种链接都可以通过 ln 命令创建。

3.4.2　inode 结构

元数据(文件的大小、时间、类型等)存放在 inode 表中。inode 表由很多条记录组成,每一条记录对应存放了一个文件的元数据信息。

inode 表记录保存了以下信息:

(1)inode number,即节点号。

(2)文件类型。

(3)权限。

(4)UID。

(5)GID。

(6)链接数(指向这个文件名路径名称个数)。

(7)该文件的大小和不同的时间戳。

(8)指向磁盘上文件的数据块指针。

(9)有关文件的其他数据。

3.4.3　ln 命令

语法:ln [选项] 源文件 链接文件

功能:创建链接文件。

常用选项:

-s:此选项表示创建软链接,不用此选项则表示创建硬链接。

范例 3-47:在用户当前目录下创建一个 link_demo. txt 文件,然后利用 ln 命令为此文件在当前目录下创建一个硬链接文件,名称为 hardlink_demo. txt,并查看 inode 编号。

```
[root@rk88 ~]#touch link_demo.txt
[root@rk88 ~]#ls -l link_demo.txt
-rw-r--r--. 1 root root 0 Sep  3 12:38 link_demo.txt
#此时链接数显示为 1
[root@rk88 ~]#ln link_demo.txt hardlink_demo.txt
[root@rk88 ~]#ls -l link_demo.txt
-rw-r--r--. 2 root root 0 Sep  3 12:38 link_demo.txt
#此时链接数显示为 2
#查看 inode 编号,inode 编号是相同的
[root@rk88 ~]#ls -l -i link_demo.txt hardlink_demo.txt
203115546 -rw-r--r--. 2 root root 0 Sep  3 12:38 hardlink_demo.txt
203115546 -rw-r--r--. 2 root root 0 Sep  3 12:38 link_demo.txt
```

范例 3-48:对 link_demo. txt 文件创建软链接 soft_link_demo. txt,创建完成后观察 inode 编号。

```
[root@rk88 ~]#ln -s link_demo.txt soft_link_demo.txt
```

查看 inode 编号，发现是两个不同的 inode 编号。

```
[root@rk88 ~]#ls -l -i soft_link_demo.txt link_demo.txt
203115546 -rw-r--r--. 2 root root   0 Sep  3 12:38 link_demo.txt
203115562 lrwxrwxrwx. 1 root root 13 Sep  3 12:43 soft_link_demo.txt ->
link_demo.txt
```

特别提示：创建链接文件时，如果使用相对路径，该路径是链接文件所在目录相对于源文件的路径，而非相对于当前目录。所以建议在使用相对路径时，先切换到准备创建链接文件所在目录下去创建，这样对于相对路径更好理解。

范例 3-49：创建软链接/home/rr.sln3，链接的源文件是/data/rr 文件。

（1）相对路径写法。

```
#ln -s  ../data/rr  /home/rr.sln3
```

（2）绝对路径写法。

```
#ln -s  /data/rr  /home/rr.sln5
```

3.5　文件查找命令

3.5.1　which 命令

语法：which 命令

功能：查找可执行命令。查找的依据是 PATH，常用来查找经常执行的命令的位置，查找到的是外部命令，但同时要查找这个系统中是否存在同名称的别名。

which 命令会根据文件名搜索系统路径中的文件，并返回第一个找到的可执行文件的位置信息，如果没有找到匹配的文件，which 命令会返回一个错误信息。

范例 3-50：查找 ls 命令可执行路径。

```
[root@rk88 ~]#which ls
alias ls='ls --color=auto'
/usr/bin/ls
```

which 命令本身在系统中是一个别名，如果搜索可执行文件时只想得到路径，则可以使用原命令。

范例 3-51：只查找指定命令 ls 可执行文件路径。

```
[root@rk88 ~]#which --skip-alias ls
/usr/bin/ls
```

3.5.2　whereis 命令

语法：whereis 命令

功能：whereis 命令同样用于搜索命令的位置，但是它不搜索别名，搜索这个命令的帮助文档的位置、配置文件，即二进制、源代码、手册页等类型的文件，它会根据文件名搜索系统路径中的文件，并返回文件的位置信息。

范例 3-52：查找 ls 命令可执行路径及帮助资料。

```
[root@rk88 ~]#whereis ls
ls: /usr/bin/ls /usr/share/man/man1/ls.1.gz /usr/share/man/man1p/ls.1p.gz
```

3.5.3　locate 命令

语法：locate［选项］..［模式］

功能：locate 命令用于查找文件或目录。

常用选项：

-b：basename，只查找 basename 与指定模式匹配的文件（例如查找/test/test.txt，则 basename 为 test.txt）。

-n：只显示搜索到的结果前几个，即 n 后面的数字。

-w：wholename，匹配完整路径名（默认）。

locate 命令的搜索速度要比 find-name 快得多，原因在于它不搜索具体目录，而是搜索数据库/var/lib/mlocate/mlocate.db。这个数据库中有本地所有文件的信息。Linux 系统自动创建这个数据库，并且每天只自动更新一次。因此，在用 whereis 和 locate 命令查找文件时，有时会找到已经被删除的数据，或者无法查找到刚刚建立的文件，原因就是数据库文件没有被更新。为了避免这种情况，可以在使用 locate 命令之前，先使用 updatedb 命令，手动更新数据库。locate 命令的工作由四部分组成：

（1）/usr/bin/updatedb：主要用来更新数据库，通过 crontab 自动完成。

（2）/usr/bin/locate：查询文件位置。

（3）/etc/updatedb.conf：updatedb 的配置文件。

（4）/var/lib/mlocate/mlocate.db：存放文件信息的文件。

locate 命令会读取由 updatedb 准备好的一个或多个数据库，然后将满足匹配 PATTERN 的文件写到标准输出，每行一个文件名。假如并未指定--regex 选项，则 PATTERN 可以包含通配符。假如 PATTERN 中并未包含任何通配符，则 locate 命令以 * PATTERN * 模式进行查找。

默认情况下，locate 命令并不会检查数据库中的文件是否仍然存在，也不会报告在上一次更新数据库之后产生的文件。

范例 3-53：利用 locate 命令精确查找 inittab。

```
[root@rk88 ~]#locate -b "\inittab"
/etc/inittab
```

说明:"\"本身是一个通配字符,因此这里会禁止隐式的转化为 * NAME * 。如果不带"\",则表示模糊搜索文件名中包含搜索字符串的文件。

范例 3-54:利用 locate 命令查找 inittab。

```
[root@rk88 ~]#locate -b "inittab"
/etc/inittab
/usr/share/augeas/lenses/dist/inittab.aug
/usr/share/vim/vim80/syntax/inittab.vim
```

范例 3-55:查找关键字为 ls,普通查找,限制显示返回为前 5。

```
[root@rk88 ~]#locate -n 5 ls
/boot/grub2/i386-pc/blscfg.mod
/boot/grub2/i386-pc/cbls.mod
/boot/grub2/i386-pc/command.lst
/boot/grub2/i386-pc/crypto.lst
/boot/grub2/i386-pc/fs.lst
```

3.5.4　find 命令

语法:find [选项]..[查找路径][查找条件][处理动作]

功能:使用 find 命令可以在指定目录搜索文件,支持精确搜索和模糊搜索。

查找路径:指定具体目标路径。默认为当前目录。

查找条件:指定的查找标准,可以按照文件名、大小、类型、权限等标准进行。默认为找出指定路径下的所有文件。

处理动作:对符合条件的文件进行操作,默认输出至屏幕。

1. 与名称有关的选项

(1)指定文件名称精确搜索(-name 选项)。

语法:find 目录 -name 文件名称

例如:find /path -name keywords 表示在根目录/path 下搜索 basename 名为 keywords 的内容。

(2)指定文件名称模糊搜索(-name 选项)。

语法:find 目录 -name 文件名称

例如:find / -name * cep * 表示在根目录下,只要名称包含 cep 的文件都会被搜索到。也包括目录名称。

如果不指定搜索目录,则默认在当前目录下搜索。

2. 与时间有关的选项

有-atime、-ctime 与-mtime 这三个与时间有关的选项。下面以-mtime 为例进行说明。

-mtime n:n 为数字,列出在 n 天之前的一天之内被改动过内容的文件。

-mtime ＋n:列出在 n 天之前(不含 n 天本身)被改动过内容的文件。

-mtime －n :列出在 n 天之内(含 n 天本身)被改动过内容的文件。

-newer file：file 为一个存在的文件，列出比 file 还要新的文件。

范例 3-56：将系统上过去 24 小时内有改动过内容（mtime）的文件列出。

```
[root@rk88 ~]#find / -mtime 0
```

解析：0 是重点，代表目前的时间，所以，这个命令实际表示当前时间点之前的 24 小时。如果是三天前的 24 小时内，那写法为：#find / -mtime 3。

find 命令相关的时间参数意义如图 3-8 所示。

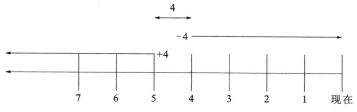

图 3-8　find 命令相关的时间参数意义

＋4 代表大于等于 5 天前的文件名：[root@rk88 ~]#find /var -mtime ＋4。

－4 代表小于等于 4 天内的文件文件名：[root@rk88 ~]#find /var -mtime －4。

4 代表 4－5 那一天的文件文件名：[root@rk88 ~]#find /var -mtime 4。

3. 与属主（文件所有者）、属组查找有关的选项

-user USERNAME：查找属主为指定用户（UID）的文件。

-group GRPNAME：查找属组为指定组（GID）的文件。

-uid UserID：查找属主为指定的 UID 的文件。

-gid GroupID：查找属组为指定的 GID 的文件。

-nouser：查找没有属主的文件。

-nogroup：查找没有属组的文件。

范例 3-57：查找 /home 下属于 root 的文件。

```
[root@rk88 ~]#find /home -user root
/home
```

范例 3-58：查找系统中不属于任何人的文件。

```
[root@rk88 ~]#find / -nouser
```

通过这个命令，可以轻易地找出那些不太正常的文件。

4. 与文件大小、类型及权限有关的选项

-size [＋－]SIZE：查找比 SIZE 还要大（＋）或小（－）的文件。所以，要找比 50KB 还要大的文件，就是-size＋50KB。需要注意的是，目录还是按照目录文件来处理。

-type TYPE：查找类型为 TYPE 的文件。类型主要有一般正规文（f）、设备文件（b，c）、目录（d）、软链接文件（l）、socket（s）及 FIFO（p）等。

-perm mode：查找文件权限刚好等于 mode 的文件，mode 为类似 chmod 的属性值，举例来说，-rwsr-xr-x 的属性为 4755。

-perm -mode：查找文件权限必须全部囊括 mode 的权限的文件。举例来说，要查找-

rwxr--r--,亦即 0744 的文件,使用-perm -0744,当一个文件的权限为-rwsr-xr-x,亦即 4755 时,也会被列出来,因为-rwsr-xr-x 的属性已经囊括了-rwxr--r--的属性。

　　-perm /mode:查找文件权限包含任意 mode 的权限的文件,举例来说,查找-rwxr-xr-x,亦即-perm /755 时,一个属性为-rw------的文件也会被列出来,因为它有-rw.... 的属性存在。

　　范例 3-59:找出文件名包含 passwd 关键字的文件。

```
[root@rk88 ~]#find / -name "*passwd*"
# 利用-name 可以查找文件名。默认是完整文件名,如果想要找关键字,可以使用类似 *
的任意字符来处理
```

　　范例 3-60:找出 /run 目录下,文件类型为 socket 的文件。

```
[root@rk88 ~]#find /run -type s
#-type 的属性也很有帮助,尤其对于查找 socket 与 FIFO 文件
```

　　范例 3-61:查找/usr/bin 和/usr/sbin 两个目录下权限包含任意 mode 的权限的文件。

```
[root@rk88 ~]#find /usr/bin /usr/sbin -perm /7000
/usr/bin/fusermount3
/usr/bin/chage
/usr/bin/gpasswd
/usr/bin/newgrp
..........................内容过多,后面省略..........................
```

　　5.额外可进行的动作

　　-print:默认的处理动作,显示至屏幕。

　　-ls:类似于对查找到的文件执行"ls -l"命令。

　　-delete:删除查找到的文件。

　　-flfls fifile:将查找到的所有文件的长格式信息保存至指定文件中。

　　-ok COMMAND {} \;:对查找到的每个文件执行由 COMMAND 指定的命令,每个文件执行命令之前,都会交互式要求用户确认。

　　-exec COMMAND {} \;:对查找到的每个文件执行由 COMMAND 指定的命令。

　　{}:用于引用查找到的文件名称自身。

　　-exec command :command 为其他命令,-exec 后面可再接额外的命令来处理查找到的结果。

　　范例 3-62:将范例 3-61 找到的文件使用 ls -l 命令列出来。

```
[root@rk88 ~]#find /usr/bin /usr/sbin -perm /7000 -exec ls -l {} \;
-rwsr-xr-x. 1 root root 37600 Sep 30  2022 /usr/bin/fusermount3
-rwsr-xr-x. 1 root root 79536 Oct  1  2022 /usr/bin/chage
-rwsr-xr-x. 1 root root 84144 Oct  1  2022 /usr/bin/gpasswd
-rwsr-xr-x. 1 root root 43464 Oct  1  2022 /usr/bin/newgrp
-rwsr-xr-x. 1 root root 50328 May 16  2023 /usr/bin/mount
-rwsr-xr-x. 1 root root 50168 May 16  2023 /usr/bin/su
..........................内容过多,后面省略..........................
```

-exec 后面的 ls -l 就是额外的命令,命令不支持命令别名,所以仅能使用 ls -l,不可以使用 ls -ll。

范例 3-63:在家目录中寻找可被其他用户写入的文件。

```
find ~  -perm -002 -exec chmod o-w {} \;
    #查找/etc 下权限为 644、后缀为 conf 的普通文件,并显示出来
    find /data - type f -perm 644 -name ".sh" -exec chmod 755 {} \;
    #find /etc -type f -perm 644 -name "*.conf" -exec ls -l {} \;
    #find /etc -type f -perm 644 -name "*g.conf" -exec ls -l {} \;
```

3.6　Windows 和 Linux 文本格式区别

Windows 的换行是由回车符(\r 或 0d)＋换行符(\n 或 0a)实现的,回车是回到当前行首,换行是光标移动到当前位置下一行的同一位置。所以 Windows 是先执行回车再执行换行。Linux 只使用换行符进行换行,所以 Linux 只有换行符。

在 Linux 中有的配置文件和脚本对这个方面要求非常严格,如果将在 Windows 的编辑器中编写的文本直接传到 Linux 打开就可能导致错误。

为了避免文本乱码,需要确保文本保存和打开使用相同的编码机制。用 UTF-8 保存的文本,就要用 UTF-8 编码去打开,否则会显示乱码。

在 Linux 里用 file 命令查看 Windows 文件会显示 CRLF line terminators,表示带有回车的行结束符,因为 Windows 文件比 Linux 文件多一个\r 回车符。

hexdump -C 可以将文件内容以 16 进制展示,也可以使用 cat -A 显示不可见的控制符,比如换行和回车。

范例 3-64:在 Windows 中创建一个 windowstest. txt 文件,文件内容如下。

```
hello
welcome to the rocky linux
```

通过 Xftp 传到当前用户主目录下。在 Linux 中的当前用户主目录下创建同样内容的文件 linuxtest. txt,通过 cat -A、file 和 hexdump -C 命令进行观察。

```
[root@rk88 ~]#cat -A windowstest.txt
hello^M$
welcome to the rocky linux
#hello 后面就会多一个^M 出来
```

```
[root@rk88 ~]#cat -A linuxtest.txt
hello$
welcome to the rocky linux$
```

```
[root@rk88 ~]#file windowstest.txt
windowstest.txt: ASCII text, with CRLF line terminators
[root@rk88 ~]#file linuxtest.txt
linuxtest.txt: ASCII text
```

```
[root@rk88 ~]#hexdump -C windowstest.txt
00000000  68 65 6c 6c 6f 0d 0a 77  65 6c 63 6f 6d 65 20 74  |hello..welcome t|
00000010  6f 20 74 68 65 20 72 6f  63 6b 79 20 6c 69 6e 75  |o the rocky linu|
00000020  78                                                |x|
00000021
#第一行中有 0d 0a
```

```
[root@rk88 ~]#hexdump -C linuxtest.txt
00000000  68 65 6c 6c 6f 0a 77 65  6c 63 6f 6d 65 20 74 6f  |hello.welcome to|
00000010  20 74 68 65 20 72 6f 63  6b 79 20 6c 69 6e 75 78  | the rocky linux|
00000020  0a                                                |.|
00000021
#第一行中 0a 前面没有 0d
```

3.7 上 机 实 践

（1）使用 ls 命令查看几个主要目录的内容。

/boot   /bin   /etc   /home   /usr   /var   /root

（2）利用 cd 命令将当前目录切换到/usr/share/man 目录，要求如下：

①利用 ls 命令直接显示这个目录下的内容。

②详细信息显示，并按时间顺序排序。

③显示所有文件，包含隐藏文件。

（3）利用 cd 命令切换到/etc/rc. d/rc3. d 目录，再利用相对路径方法切换到/etc/rc. d/init. d 目录。

（4）用 tree 命令显示根目录下的内容，深度一层。

（5）利用 touch 命令在/tmp 下创建一个今天日期的文件的日志文件，要求利用 date 来产生日期，即文件名结果为"日期. log"。

（6）按下面树形显示结果创建目录和文件，注意名称后面有"/"表示是目录，只有名称的是文件。

```
[root@rk88 ~]# tree -F work
    work
    ├── file1.txt
    ├── software/
    └── user/
        ├── wang/
        └── zhang/
            ├── f1.txt
            └── f2.txt
```

work 目录要求创建在当前用户的主目录下,创建完成后使用 tree 命令验证结果。

(7)创建/data/rootdir 目录,并复制/root 下所有文件到该目录内,要求保留原有权限。

(8)将/bin 目录下以 s 开头的文件复制到～/data 目录中。

(9)将～/data 目录改名为 databak。

(10)将～/databak 目录下所有内容(包括子目录和文件)复制到/tmp 目录中(用 tree 命令显示并截图)。

(11)利用 rm 命令清空/tmp 目录里面的内容,不要把/tmp 目录本身删除。

(12)将 root 用户家目录下的. bashrc 复制到/tmp 下,并更名为 bashrc。

(13)将当前目录切换到当前用户主目录。

①创建一个硬链接,链接名称为 man. config. hln,链接源为/etc/man_db. conf。

②创建一个符号链接,链接名称为 man. config. sln,链接源为/etc/man_db. conf。

③创建完成后利用 ls-l 命令查看。

(14)分别利用 which、whereis 命令搜索 ls、mkdir、cd 三个命令,仔细观察结果。

(15)利用 locate 命令分别查找 rc 和 inittab 两个关键词。

(16)利用 find 命令查找 man. config 文件和网卡配置文件。

(17)利用 find 命令查找/etc/目录下的所有以.conf 结尾的文件。

任务 4　文本处理及 vim 编辑器

◆ 任务描述

本任务主要介绍常用的几个文本处理命令及 Linux 中常用的文本编辑器 vim 的使用。

◆ 知识目标

1. 熟悉常用的文件内容查看命令。
2. 理解 vim 的三种常用模式，熟悉 vim 编辑器的使用。

◆ 技能目标

1. 具备使用文件内容查看命令的能力。
2. 具备使用 vim 编辑器对文件进行编辑保存的能力。

◆ 素养目标

1. 使用文本编辑器编辑 Linux 参数配置文件时注重隐私保护和数据安全，培养职业道德意识。
2. 掌握 vim 编辑器的模式和转换，培养工作中的灵活应变能力。

4.1　文件内容查看命令

4.1.1　cat 命令

语法：cat［选项］

功能：查看文件内容。

常用选项：

-A：相当于-vET 的整合选项，可列出一些特殊字符。

-b：列出行号，仅对非空白行做行号标注，空白行不标行号。

-E：将结尾的断行字符 $ 以及其他非控制字符显示出来。

-n：打印出行号，连同空白行也会有行号，与-b 的选项不同。

-T：将制表符以^I 显示出来。

-v：使用可见的 ASCII 码显示不可见字符。

为了保证系统文件安全，建议把如下几个文件复制到用户自己的主目录下再进行操作。

```
[root@rk8 ~]#cp /etc/inittab /etc/issue  /etc/man_db.conf /etc/passwd  ~/
```

范例 4-1： 查看 issue 文件的内容。

```
[root@rk88 ~]#cat issue
[root@rk88 ~]#cat issue
\S
Kernel \r on an \m
```

范例 4-2： 承上题，加印行号。

```
[root@rk88 ~]#cat -n /etc/issue
[root@rk88 ~]#cat -n issue
    1  \S
    2  Kernel \r on an \m
    3
```

所以这个文件实际有 3 行，可以印出行号，这有利于在大文件中寻找某个特定的行。

范例 4-3： 将 inittab 的内容完整地显示出来（包含特殊字符）。

```
[root@rk8 ~]#cat -A inittab
# inittab is no longer used.$
# $
# ADDING CONFIGURATION HERE WILL HAVE NO EFFECT ON YOUR SYSTEM.$
# $
# Ctrl-Alt-Delete is handled by /usr/lib/systemd/system/ctrl-alt-del.
target$
# $
# systemd uses 'targets' instead of runlevels. By default, there are two
main targets:$
# $
# multi-user.target: analogous to runlevel 3$
# graphical.target: analogous to runlevel 5$
# $
# To view current default target, run:$
# systemctl get-default$
# $
# To set a default target, run:$
# systemctl set-default TARGET.target$
```

此时使用 cat -A 就能够发现那些空白的地方是什么符号。断行字符则是以 $ 表示，所以可以发现每一行后面都是 $。如果是制表符，则会以 ^I 表示。断行字符在 Windows 和 Linux 中不太相同，Windows 中的断行字符是 ^M$。

当文件内容的行数超过 40 行时，一般情况下屏幕就无法显示完整结果，因为 cat 显示文件内容后会直接回到命令提示符状态，所以，这个时候建议使用 more 命令或者是 less 命令来查看。此外，如果是一般的 DOS 文件或者 Windows 下的文本，就需要特别留意一些特殊符号,例如断行字符与制表符等,要将其显示出来,就得加入-A 之类的选项。

4.1.2 tac 命令

功能:tac 命令用于反向列示。

范例 4-4:反向显示 issue。

```
[root@rk88 ~]#tac  /etc/issue

Kernel \r on an \m
\S
 #先显示最后一行
```

4.1.3 nl 命令

语法:nl 文件

功能:nl 命令用于添加行号打印。

范例 4-5:用 nl 列出 /etc/issue 的内容。

```
[root@rk88 ~]#nl /etc/issue
   1  \S
   2  Kernel \r on an \m

#注意,这个文件其实有三行,第三行为空白(没有任何字符)
```

4.2　可翻页查看文件内容命令

前面提到的 cat、tac 与 nl 等命令,都是一次性将资料显示到屏幕上,而利用 more 与 less 命令可翻页查看文件内容。

4.2.1 more 命令

语法:more 文件

功能:可以翻页查看文件内容。

more 命令一般不用选项。

范例 4-6:查看/etc/man_db. conf 内容。

```
[root@rk88 ~]#more/etc/man_db.conf
#
#
# This file is used by the man-db package to configure the man and cat paths.
# It is also used to provide a manpath for those without one by examining
```

```
# their PATH environment variable. For details see the manpath(5) man page.
#
.........................内容过多,中间省略.........................
—More—(28%)　#光标会在这里等待用户的命令
```

如果 more 后面接的文件内容行数大于屏幕输出的行数,则最后一行会显示目前所显示内容的百分比。在 more 命令运作过程中,可以使用以下按键。

空格键(space):代表向下翻一页。

Enter:代表向下翻一行。

/字符串:代表在当前显示的内容当中,向下查找字符串这个关键字。

:f:立刻显示出文件名以及目前显示的行数。

q:代表立刻离开 more,不再显示该文件内容。

b 或[ctrl]-b:代表往回翻页,只对文件有用,对管道无用。

要离开 more 这个命令的显示工作,可以按下 q 键。而要向下翻页,则使用空格键。more 比较有用的功能是查找字符串,举例来说,可以使用 more /etc/man_db.conf 来观察该文件。

范例 4-7:在该文件内查找 MANPATH 这个字符串时,操作如下所示。

```
[root@rk88 ~]#more /etc/man_db.conf
#
#
# This file is used by the man-db package to configure the man and cat paths.
# It is also used to provide a manpath for those without one by examining
# their PATH environment variable. For details see the manpath(5) man page.
#
.........................内容过多,中间省略.........................
/MANPATH
```

输入"/"之后,光标就会来到最底下一行,并且等待用户的输入,输入字符串并按下 Enter 后,more 就会开始向下查找该字符串。而要重复查找同一个字符串,直接按下 n 键即可。

4.2.2　less 命令

语法:less 文件

功能:可以来回查看文件内容。

范例 4-8:查看/etc/man_db.conf 内容。

```
[root@rk88 ~]#less /etc/man_db.conf
#
#
# This file is used by the man-db package to configure the man and cat paths.
# It is also used to provide a manpath for those without one by examining
# their PATH environment variable. For details see the manpath(5) man page.
```

```
#
......................内容过多,中间省略............................
:  #等待用户输入命令
```

less 的用法比 more 更加灵活。使用 more 命令的时候,不能向前面翻页,只能往后翻看,但若使用 less,就可以使用 Page Up、Page Down 等按键往前或往后翻看文件,更加方便。

除此之外,less 还拥有更多的查找功能,不仅可以向下查找,也可以向上查找,还可以通过输入以下命令进行更复杂的查找。

空格键:向下翻动一页。

Page Down:向下翻动一页。

Page Up:向上翻动一页。

/字符串:向下查找字符串的功能。

?字符串:向上查找字符串的功能。

n:重复前一个查找(与 / 或 ? 有关)。

N:反向地重复前一个查找(与 / 或 ? 有关)。

g:到达这个资料的第一行。

G:到达这个资料的最后一行(注意大小写)。

q:离开 less 这个命令。

4.3 资料截取命令

用户可以对输出的资料作简单的截取。head 命令用于取出文件前面几行文字,tail 命令用于取出后面几行文字。需要注意的是,head 与 tail 都是以行为单位来进行资料截取的。

4.3.1 head 命令

语法:head [-n number] 文件

功能:取出前面几行。

常用选项:

-n 整数:后面接数字,代表显示几行,默认是前 10 行,这个数字可以是负数。

范例 4-9:查看/etc/man_db.conf 前 10 行内容。

```
[root@rk88 ~]#head /etc/man_db.conf
[root@rk88 ~]#head /etc/man_db.conf
#
#
# This file is used by the man-db package to configure the man and cat paths.
# It is also used to provide a manpath for those without one by examining
# their PATH environment variable. For details see the manpath(5) man page.
#
```

```
#  Lines beginning with '# ' are comments and are ignored. Any combination of
#  tabs or spaces may be used as 'whitespace' separators.
#
#  There are three mappings allowed in this file:
```

范例 4-10：显示/etc/man_db.conf 前 20 行内容。

```
[root@rk88 ~]#head -n 20 /etc/man_db.conf
```

范例 4-11：不显示后面 100 行的资料,只显示/etc/man_db.conf 的前面几行。

```
[root@rk88 ~]#head -n -100 /etc/man_db.conf
```

head 的用法就是显示出一个文件的前几行。若没有加上-n 这个选项,默认只显示 10 行, 若只需要显示 1 行,用 head -n 1 filename 即可。

另外,-n 选项后面如果接负数,例如范例 4-11 中的-n -100,代表文件前面的所有行数,但不包括后面 100 行。举例来说,Rocky Linux 8.8 的 /etc/man_db.conf 共有 131 行,通过使用上述的命令 head -n -100 /etc/man_db.conf 就会列出前面 31 行,后面 100 行不会列出。

4.3.2　tail 命令

语法：tail [-n number] 文件
功能：取出文件后面几行。
常用选项：
-n：后面接数字,代表显示几行。
-f：表示持续侦测后面所接的文件名,要等到按下 Ctrl+c 键才会结束 tail 的侦测。

范例 4-12：查看/etc/man_db.conf 最后 10 行内容（为了节省篇幅此处不列出显示内容）。

```
[root@rk88 ~]#tail /etc/man_db.conf
```

范例 4-13：持续侦测/var/log/messages 的内容。

```
[root@rk88 ~]#tail -f /var/log/messages
```

tail 的用法跟 head 类似,只是显示的是后面几行。默认也是显示 10 行,若想要显示的行数并非 10 行,加-n number 的选项即可。

范例 4-13 中,-f 选项可以一直侦测/var/log/messages 这个文件,新加入的资料都会被显示到屏幕上,直到按下 Ctrl+c 键才会结束 tail 的侦测。由于 messages 必须要 root 权限才能看,所以该范例要使用 root 来查询。

范例 4-14：显示 /etc/man_db.conf 的第 11 到第 20 行。

```
[root@rk88~]#head -n 20 /etc/man_db.conf | tail -n 10
```

这两个命令中间有个管道（|）的符号存在,这个管道符号的意思是,前面的命令所输出的信息,请通过管道交由后续的命令继续使用。所以,head -n 20 /etc/man_db.conf 会将文件内的前 20 行取出来,但不显示在屏幕上,而是转交给后续的 tail 命令继续处理。tail 不需要接文件名,因为 tail 所需要的资料是来自 head 处理后的结果。

4.4 od 命 令

上述命令都是用于查找纯文字文档的内容。对于非纯文字文档,通常可以利用 od 这个命令来读取。

语法:od [-t TYPE] 文件

功能:非纯文本文件内容查看。

常用选项:

-t:后面可以接各种类型（TYPE)的输出。

例如:

a:利用默认的字符来输出。

c:使用 ASCII 字符来输出。

d:利用十进制（decimal)来输出资料。

f:利用浮点数（floating)来输出资料。

o:利用八进制（octal)来输出资料。

x:利用十六进制（hexadecimal)来输出资料。

范例 4-15:将/usr/bin/passwd 的内容使用 ASCII 方式来展现。

```
[root@rk88 ~]#od -t c /usr/bin/passwd
0000000 177   E   L   F 002 001 001  \0  \0  \0  \0  \0  \0  \0  \0  \0
0000020 003  \0   >  \0 001  \0  \0  \0 364   3  \0  \0  \0  \0  \0  \0
0000040   @  \0  \0  \0  \0  \0  \0  \0   x   e  \0  \0  \0  \0  \0  \0
0000060  \0  \0  \0  \0   @  \0   8  \0  \t  \0   @  \0 035  \0 034  \0
0000100 006  \0  \0  \0 005  \0  \0  \0   @  \0  \0  \0  \0  \0  \0  \0
..........................内容过多,后面省略..........................
```

4.5 wc 命令

语法:wc[选项] 文件

功能:统计一个文件的行数和字符数。

常用选项:

-c 或--bytes 或--chars:只显示 Bytes 数。

-l 或--lines:只显示行数。

-w 或--words:只显示字数。

范例 4-16:统计/etc/inittab 文件的行数。

```
[root@rk88 ~]#wc -l /etc/inittab
16 /etc/inittab
```

4.6　文本编辑器 vim

系统管理员的重要工作内容就是修改与设定某些重要软件的配置文件,因此要学会使用一种以上的文字界面的文本编辑器。在所有的 Linux distributions 系统中都会有的一套文本编辑器就是 vi,而且很多软件也默认使用 vi 为编辑的界面,因此学会使用 vi 文本编辑器非常重要。vim 是进阶版的 vi,vim 不但可以用不同颜色显示文字内容,还能进行诸如 Shell script、C program 等程序的编辑,可以将 vim 视为一种程序编辑器。

4.6.1　vim 模式介绍

vim 是一个多模式的编辑器,击键行为依赖于 vim 的模式。vim 常用模式有三种:命令模式、插入模式、底行模式。注意,按了模式转换键之后,模式和按键都发生了变化。

图 4-1 是 vim 的三个常用模式转换说明。

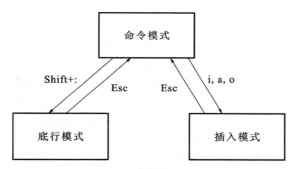

图 4-1　vim 常用模式切换操作

1. 命令模式

命令模式也称为普通模式,是打开 vim 时的默认模式,可以实现移动光标、剪切或粘贴文本。在这个模式中,所有的键盘输入都会被当成命令来处理。

用 vim 打开一个文件就直接进入一般命令模式(简称为一般模式)。在这个模式中,可以使用上下左右按键来移动光标,可以使用删除字符或删除整行来处理文件内容,也可以使用复制粘贴来处理文件资料。

2. 插入模式

插入模式也称为编辑模式,用于修改文本内容。

在一般模式中可以进行删除、复制、粘贴等操作,但是无法编辑文件内容。按下 i、I、o、O、a、A 等任何一个字母之后才会进入编辑模式。注意,通常在 Linux 中,按下这些按键时,在画面的左下方会出现 INSERT 的字样,此时才可以进行编辑。而如果要回到一般模式,按下 Esc 键即可。

3. 底行模式

在一般模式中,输入":""/""?"三个按键中的任何一个,就可以将光标移动到最底下那一行。在这个模式当中,可以进行查找资料的操作,读取、存档、大量取代字符、离开 vim 、显示行号等操作都是在此模式中完成的。

底行模式中冒号后的命令说明如下。

:w:保存文件,但不退出。

:w 文件名:如果是直接打开 vim 而没有写文件名,则是保存文件,如果写了文件名,此时再加文件名,则是另存文件,需要注意的是,vim 另存文件后,编辑的依然是原来文件的内容,和 Windows 中完全不同。

:wq:保存退出。

:q:正常退出。

:q!:放弃保存并退出,如果编辑了文件的内容,又想放弃保存退出,则要使用强行退出的方式。如果普通用户修改了没有编辑权限的文件,也需要使用此种方式才能退出 vim 程序。

:w!:对于 root 而言,文件的很多权限是不受限制的,所以即使 root 对于此文件没有写入权限,但依然可以使用:w!强行修改文件内容。

图 4-2～图 4-4 为 vim 中几个模式切换时的状态。

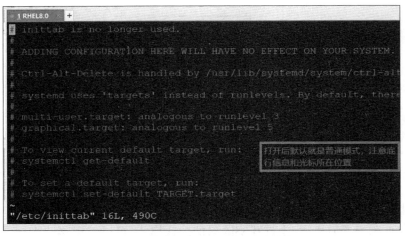

图 4-2　默认打开 vim 时进入的模式

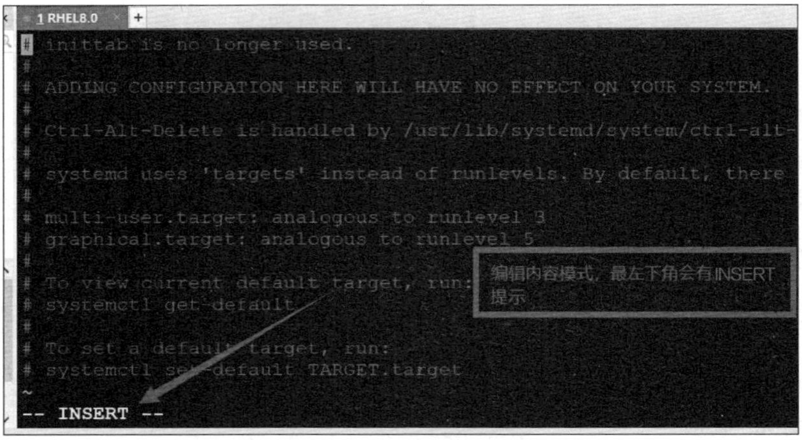

图 4-3　切换编辑模式时左下角示意

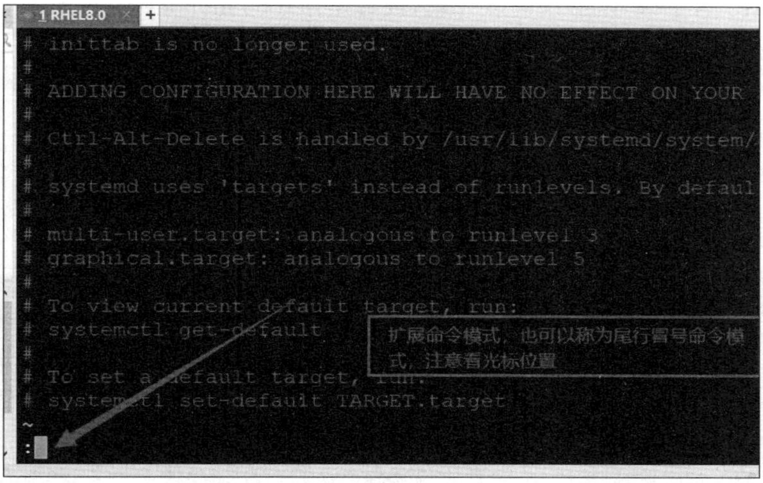

图 4-4 底行模式

vim 以命令模式为中心,通过不同的命令进入其他模式。

命令模式切换到编辑模式时常用按键如下。

i:insert,在光标所在处输入。

I:在当前光标所在行的行首输入。

a:append,在光标所在处后面输入。

A:在当前光标所在行的行尾输入。

o:在当前光标所在行的下方打开一个新行。

O:在当前光标所在行的上方打开一个新行。

注意:从编辑内容模式不可以直接切换为尾行命令模式。

4.6.2　vim 编辑器的使用

利用 vim 创建文件、编辑内容和保存。

范例 4-17　利用 vim 创建 f1.txt,编辑保存。

```
[root@rk88 ~]#vim f1.txt
```

文件内容:

```
hello,this is the vim editor file
Welcome to the vim world
```

操作步骤:

(1)运行上述命令后,进入 vim 编辑器,此时进入的是命令模式,在键盘上按小写字母 i,进入编辑模式,通过键盘输入上面的两行内容。

(2)保存文件:此时 vim 处于编辑模式,但是要切换到底行模式才能保存,此时按 Esc 键,回到命令模式,再按冒号键(Shift＋分号键),进入底行模式,输入 wq 回车执行命令保存文件。

范例 4-18:vim 行号设置。

操作文件:Web 服务器的配置文件/etc/httpd/conf/httpd.conf,如果没有此文件,可以利用 yum install httpd 安装 Web 服务软件包,或者操作/etc/man_db.conf 文件。

操作内容:设置行号及定位。

操作时把上述文件复制到自己的主目录下。

```
[root@rk88 ~]#cp /etc/httpd/conf/httpd.conf ~/
[root@rk88 ~]#vim httpd.conf
```

文件打开后如图 4-5 所示,是没有行号的。

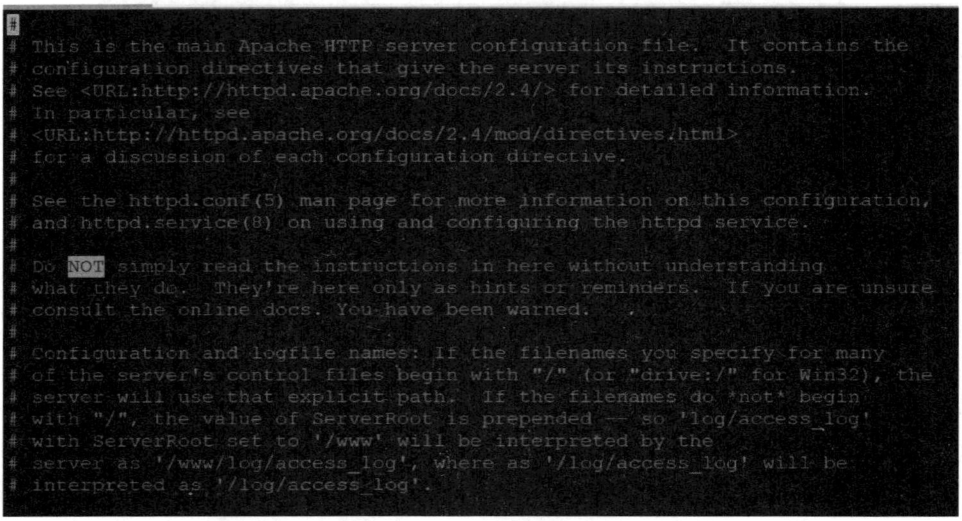

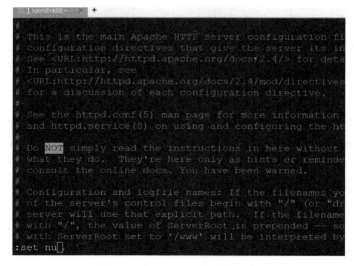

图 4-5　打开 httpd.conf 时的显示

设置文件显示行号(这个设置是临时的)操作如下。

打开文件后按冒号键进入底行模式,在冒号后输入 set nu 并回车执行,如图 4-6 和图 4-7 所示,文件内容前面则出现行号。取消行号命令为 set nonu。

图 4-6　输入 set nu 并回车执行

图 4-7　执行 set nu 后显示行号

4.6.3　命令模式下的操作

在命令模式下,各种按键都会被当成命令来处理,见表 4-1。

表 4-1　vim 命令模式下常用功能键

命令	作用
gg	把光标定位到文件首行
G	把光标定位到文件最后一行
nG	把光标定位到第 n 行
dd	删除(剪切)光标所在整行
ndd	删除(剪切)从光标处开始的连续 n 行
x	删除光标所在字符
r	把当前光标所在字符替换成按下去的字符,只能替换一个字符
u	撤销上一步的操作
yy	复制光标所在整行
nyy	复制从光标处开始的 n 行
p	将之前删除(剪切)(dd)或复制(yy)过的数据粘贴到光标所在行的下面
ZZ	保存退出(大写字母按两次)shift＋小写字母
ZQ	不保存退出(大写字母按两次)
0	数字 0 表示光标移动到行首
$	表示光标移动到行尾

范例 4-19:行号跳转操作及定位操作。

打开文件 httpd.conf。

```
[root@rk88 ~]#vim  httpd.conf
```

行号的跳转操作如下。

(1)回首行:gg(两次小写字母 gg)。

(2)到文件最后一行:大写字母 G(Shift+g)。

行号的定位:操作定位到 httpd.conf 的 136 行。

(1)普通模式下 nG 中的"n"代表行号,即数字,这个时候按 136G。

(2)在命令模式下按 136G。

4.6.4 底行模式下的操作

底行模式又分为冒号(:)后执行命令和问号(?)及斜杠(/)执行搜索操作。

每一次输入命令并回车后自动回到命令模式,如果要再进入底行冒号命令模式就需要重新输入 Shift+:。

冒号对文本的设置或保存工作,常用的命令如表 4-2 所示。

表 4-2 vim 底行模式冒号后所用命令

命令	作用
w	保存
w filename	将编辑的数据储存成另一个文件(类似另存新档),但是和 Word 不同的地方是,另存文件后,编辑的依然是原来的文件
q	退出(已经对文件进行保存,或者根本没有修改过)
q!	强制退出(放弃对文档的修改内容)
wq!	强制保存退出
!命令	执行该命令
r!command	将命令的输出读入当前文件光标所在的地方
r filename	读文件内容到当前文件中
整数	跳转到该行
$	回车,表示到最后一行
nd	表示删除第 n 行,n 代表了行号(剪切)
n,md	表示删除从第 n 到 m 行。如 1,$d 表示把文件全部内容删除
n,m co k	表示把从第 n 到 m 行连续行复制到第 k 行的下面。如:1005,1012 co 996 表示把第 1005 到 1012 行的内容复制到第 996 行的下面
s/one/two	将当前光标所在行的第一个 one 替换成 two
s/one/two/g	将当前光标所在行的所有 one 替换成 two
%s/one/two/g	将全文中的所有 one 替换成 two

在命令模式下,按"/"或者"?"进入扩展命令模式。命令和作用如表 4-3 所示。

表 4-3　底行模式搜索命令功能说明

命令	作用
/关键字	在文件中从光标行开始向下搜索该字符串,如果搜索到文件尾,又继续从文件开头搜索,搜索时是区分大小写的(查找时忽略大小写字母:/关键字\c)
?关键字	在文本中从下至上搜索该字符串

范例 4-20:利用关键字查找文件 httpd.conf 中的内容。

操作如下:打开文件后,在命令模式下输入" /",这个时候光标会跳到尾行,查找时利用"/关键字\c"忽略字母大小写,操作结果如图 4-8、图 4-9 所示。

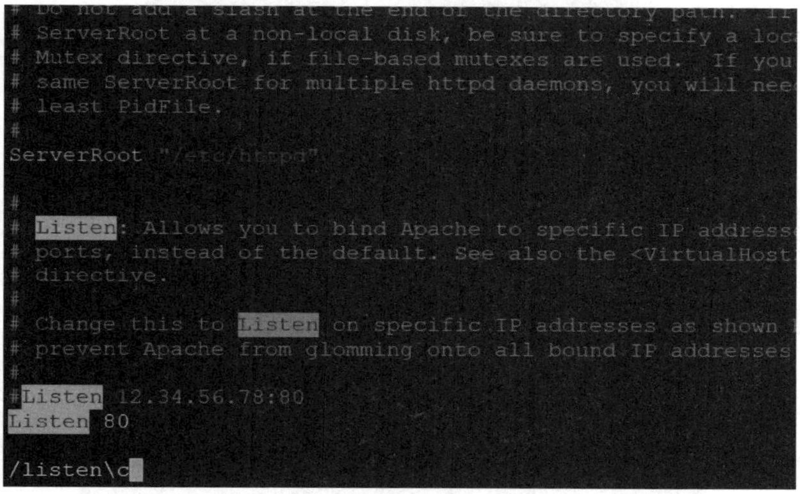

图 4-8　在底行模式输入/listen\c

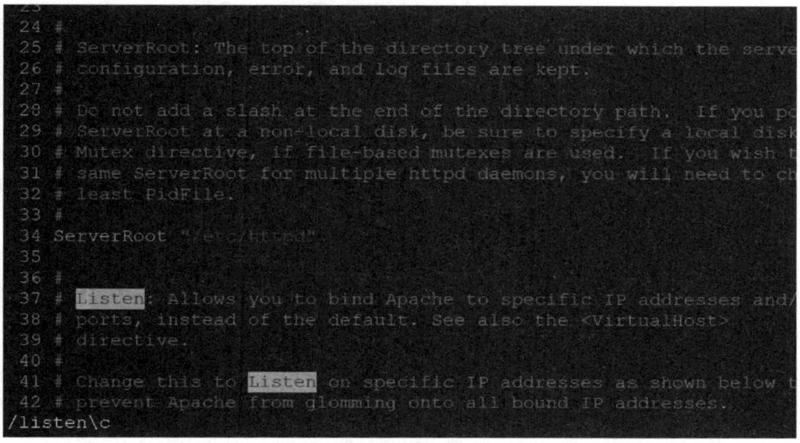

图 4-9　底行模式搜索后的结果高亮显示

范例 4-21:复制一段内容到指定位置。

操作说明:利用底行模式冒号命令来操作。

语法:开始行,结束行 co 指定行

把第 550 行到第 557 行的内容复制到第 560 行的后面,如图 4-10、图 4-11 所示。

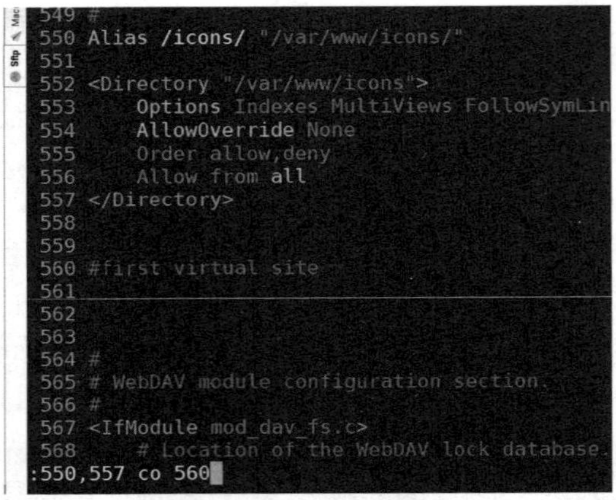

图 4-10 底行模式冒号命令复制

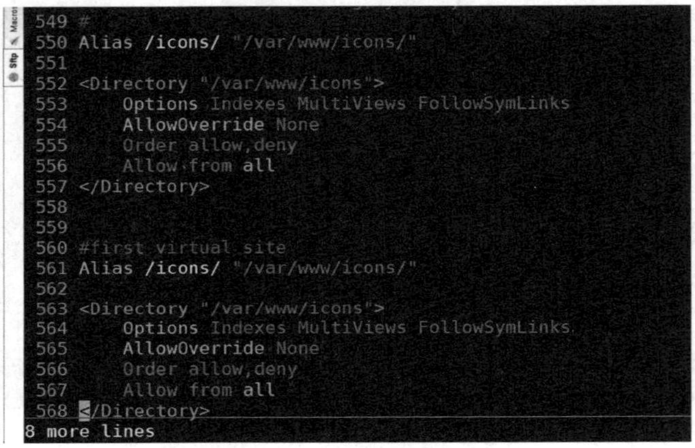

图 4-11 复制后的结果

4.6.5 vim 配置文件

1. vim 配置文件的作用

vim 启动时,可以根据配置文件(.vimrc)来设置 vim,因此可以通过配置文件来定制适合用户的 vim。

2. vim 配置文件分类

(1)系统 vim 配置文件/etc/vimrc。

所有系统用户在启动 vim 时,都会加载这个配置文件。默认目录位于/etc/vimrc。

(2)用户 vim 配置文件 ~/.vimrc。

当前用户在启动 vim 时,会加载家目录下的配置文件。默认目录位于~/.vimrc。

3. vim 配置文件加载优先级

vim 启动时,优先读取~/.vimrc 配置文件,再读取/etc/vimrc 配置文件。

4. 配置文件的环境参数

表 4-4 列出了常用的一些环境参数。

表 4-4　vim 常用的配置文件中的环境参数

参数	功能
set nu set nonu	设定与取消行号（常用）
set cul	打开光标所在行的下划线（常用）
set ic	搜索时忽略大小写（常用）
set incsearch	输入搜索内容时自动匹配搜索结果（常用）
set hlsearch set nohlsearch	hlsearch 就是 high light search（高亮搜索）。设定是否将搜寻的字符串反白的设定值。预设值是 hlsearch
syntax on syntax off	是否依据程序相关语法显示不同颜色。举例来说，在编辑一个纯文字文档时，如果是以 # 开始，那么该列就会变成蓝色。如果仅是编写纯文字文档，要避免颜色对屏幕产生干扰，则可以取消这个设定
set all	显示目前所有的环境参数设定值

范例 4-22：在当前用户的家目录下创建 vim 的配置文件，实现下面注释中说明的功能。

```
[root@rk88 ~]#vim  ~/.vimrc
```

在文件中输入以下内容，然后保存并退出。

```
set nu              #打开行号
set cul             #打开光标所在行的下划线
set ic              #搜索时忽略大小写
set incsearch           #输入搜索内容时自动匹配搜索到结果
```

注意：修改配置文件后，再次打开 vim 软件即生效。在 vim 的配置文件中以 " 开头的是注释语句。不能以 # 开头来进行注释。

4.7　上机实践

4.7.1　文件查看

（1）分别利用 cat、more、less、head、tail 命令查看/etc/inittab、/etc/rc. d/rc. sysinit、/etc/passwd 三个文件。

（2）显示/etc/passwd 第 11～20 行内容。

4.7.2　vim 操作

1. vim 基础操作

在当前用户主目录下创建文件，文件名为学号＋姓名拼音. txt，在文件中输入如下两行内容：

Hello，Welcome to myLinuxserver

I am 学号＋姓名拼音

完成内容编辑后保存退出，利用 cat 命令显示上面这个文件的内容。

2. vim 进阶操作

将 apache 的配置文件 httpd.conf 复制到当前用户的主目录下，再用 vim 编辑器打开这个文件，如没有安装 httpd 软件包，则在命令提示符后输入 yum -y install httpd 安装此软件。然后运行 cp /etc/httpd/conf/httpd.conf ～/，将 httpd.conf 复制到这个用户当前目录下。再通过 vim ～/httpd.conf 进行如下操作。

（1）打开行号。

（2）分别利用命令模式下的功能键和底行命令两种方式定位到文件第 1 行和文件最后一行，查看文件总行数。

（3）用命令模式和底行命令两种方式定位到文件的第 45 行处，查看文件内容。

（4）在命令模式下删除文件的前 5 行，然后将光标定位到第 10 行处，在命令模式下按下 p 键，看会发生什么。

（5）将光标定位到文件第 1 行，在底行模式下利用正向查找，查找关键字 Listen，找到后将端口修改为 8080 并保存文件。

（6）将光标定位到文件第 1 行，在底行模式下利用正向查找，查找关键字 Document Root，并找到 Document Root "/var/www/html" 所在行，将 /var/www/html 修改为 /www/website/htdocs。

（7）保存退出。

3. vim 配置文件的使用

（1）创建 vim 配置文件，在配置文件中要求实现如下 4 个功能。

①显示行号。

②突出显示当前行，即在当前行显示下划线提示。

③搜索时忽略大小写。

④输入搜索内容时显示自动匹配结果。

（2）配置文件效果测试。

利用 vim 打开前面练习的几个文件，观察搜索测试行号、显示光标所在行下划线、搜索自动提示并且忽略大小写功能是否有效。

任务 5　用户和组的管理

◆ **任务描述**

本任务主要介绍在 Linux 系统中如何管理用户。

◆ **知识目标**

1.能列出用户和组的类型、属性及配置文件。

2.能解释用户和组的关系和用途。

3.理解用户管理常用命令。

4.理解用户切换和用户授权的作用。

◆ **技能目标**

1.具备创建用户并设置密码的能力。

2.具备对用户和组的管理能力。

3.具备切换用户身份和用户授权操作的能力。

◆ **素养目标**

1.用户和组的管理强调资源的公平分配和权限的合理设置,学习如何在资源分配中实现公平正义。

2.通过学习如何设置用户组和权限,增强网络安全意识。

5.1　用户的基本概念

5.1.1　什么是 UID 与 GID

Linux 系统中每一个用户都有唯一的用户编号,这个编号被称为用户标识符(User Identifier,UID)。UID 在 Linux 中是内核用来辨识用户的一个无符号整型数值。

需要注意的是,在 Linux 中就是用 UID 来区分不同的用户,而非用户名。每个登录用户的基本信息保存在/etc/passwd 文件中,每一行存放一个对应用户的信息。

为了实现不同的用户可以设置不同的访问权限,需要针对每个用户创建对应的 UID。而为了更方便地对多个用户设置权限进行管理,可以将用户加入组中。此外,每一个用户必须属于一个组,此组称为主组。用户也可以再加入其他多个组中,这些组称为附属组、从属组或附加组。同样地,对于每个组,系统也有唯一的编号与组对应,这个编号就是组标识符(Group Identifier,GID)。每个组的信息保存在/etc/group 文件中,每一行存放对应一个组的信息。

正是通过/etc/passwd 文件,系统保存了用户相关的信息,可以将这个文件理解为一个系统的用户数据库。其中 UID 和 GID 的编号由系统自动分配,范围为 0~60000。

正是因为 Linux 中每个用户是通过 UID 来标识,所以在一部正常运作的 Linux 主机环境下,不要随意修改系统上用户的 UID 和组的 GID,否则很可能会导致某些程序无法进行,进而导致系统因为权限的问题无法顺利运作。

5.1.2 用户的分类

1.超级用户

root 用户作为超级用户或管理员,对整个 Linux 具有最高权限。在 Linux 中判断用户是否为超级用户,不是看用户名是否为 root,而是看其 UID 是否为 0。超级用户通常使用/root 作为主目录。UID 不为 0 的用户,其权限都只为普通权限。

2.系统用户

系统用户通常被一些应用程序使用,当一些应用程序运行时,会以系统用户的身份执行。而这些应用程序一般会随着计算机的启动而自动运行,不需要进行用户登录。所以系统用户一般都有/sbin/nologin 的 Shell 类型。RHEL 6 中默认将 1~499 作为系统用户的 UID,而 RHEL 7 以上的版本中将 1~999 作为系统用户的 UID。系统用户代表系统的组成部分,是用于服务、进程运行使用的用户。例如,处理电子邮件的进程经常以用户名 mail 来运行;运行 Apache 网络服务器的进程经常作为用户 Apache 来运行。系统用户通常没有登录 Shell,因为它们不代表实际登录的用户。同样,系统用户的主目录很少保存在/home 中,而通常保存在属于相关应用的系统目录中。系统用户不能去删除。

3.普通用户

UID 范围:1000~60000,由系统自动分配,一般是分配给某个人使用,通常需要以这个用户账号的身份登录系统后,再执行程序。普通用户账号一般都使用/bin/bash 的 Shell 类型。普通用户的主目录在默认情况下是创建在/home 目录下,默认名称与用户名同名。

5.2 用户和组的关系

组是为了方便用户管理而存在的,可以统一分配权限。

Linux 中可以将一个或多个用户加入用户组中,用户组是通过 GID 来标识的。组的相关信息如下。

(1)管理员组。名称为 root,GID 为 0。

(2)系统组。系统组的 GID 范围:1~499(RHEL 7 以前),1~999(RHEL 7 以后),对守护进程获取资源进行权限分配

(3)普通组。普通组的 GID 范围:500+(RHEL 7 以前),1000+(RHEL 7 以后),给普通组使用。

（4）主要组。用户有且仅有一个主组，默认创建用户时会自动创建。和用户名同名的组，为用户的主要组，由于此组中只有一个用户，又称为私有组。

（5）附加组。一个用户也可以加入其他组，用户加入的这种组称为用户的附加组，一个用户可以属于零个或多个附加组。

用户的主要组和附加组的区别在于，当一个用户在创建资源或者申请进程时，默认情况下，这个资源或者进程的所属组是用户的主要组而不是附加组。

5.3　用户和组的配置文件

用户和组的配置文件主要有如下 4 个。

（1）/etc/passwd：用户及其属性信息（名称、UID、主组 ID 等）。

（2）/etc/shadow：用户密码及其相关属性。

（3）/etc/group：组及其属性信息。

（4）/etc/gshadow：组密码及其相关属性。

5.3.1　/etc/passwd 文件

范例 5-1：查看/etc/passwd 内容。

```
[root@rk88 ~]# cat  /etc/passwd
root:x:0:0:root:/root:/bin/bash
bin:x:1:1:bin:/bin:/sbin/nologin
daemon:x:2:2:daemon:/sbin:/sbin/nologin
adm:x:3:4:adm:/var/adm:/sbin/nologin
.............................内容过多,中间省略.............................
gdm:x:42:42::/var/lib/gdm:/sbin/nologin
gnome-initial-setup:x:976:975::/run/gnome-initial-setup/:/sbin/nologin
sshd:x:74:74:Privilege-separated SSH:/var/empty/sshd:/sbin/nologin
tcpdump:x:72:72::/:/sbin/nologin
rkuser1:x:1000:1000:rkuser1:/home/rkuser1:/bin/bash
stu:x:1001:1001::/home/stu:/bin/bash
```

文件中每一行代表一个用户的相关信息，从左往右一共有 7 个字段，均用冒号分隔开。下面分别介绍每行内容的具体含义。

（1）login name：登录用户名，第一行是 root，用于用户登录。

（2）passwd：密码（x）。早期的 Unix 上曾经存放过用户的密码，后来基于安全考虑，密码转移到/etc/shadow 中，此处 x 表示此用户的密码从/etc/shadow 获得。

（3）UID：用户身份编号。

（4）GID：登录默认所在主要组编号。

（5）用户全名或注释：可以为空，但必须占位，不能省略。

(6)home directory：用户主目录。

(7)Shell：用户默认使用 Shell。

5.3.2 /etc/shadow 文件

范例 5-2：查看 shadow 文件内容。

```
[root@rk88 ~]#head /etc/shadow
root: $ 6 $ uRE5kpf/xvQLEX73 $ 7Cj0/SKTJ/kxN/7kh4ruKEEVgx61a. 20gcX28d.
K1pZP5dpI9KemdXUp36Ar4GvPdNS3YnqhrtR6cULVZUyve1::0:99999:7:::
bin:*:19326:0:99999:7:::
daemon:*:19326:0:99999:7:::
```

上面显示的是前面几行 shadow 文件的内容，此文件内容每行代表一个用户的密码相关信息，共 9 个字段，下面对这 9 个字段的含义进行介绍。

(1)登录用名。

(2)用户密码：采用 sha512 加密，此加密方式可以在/etc/login. defs 查看。

(3)从 1970 年 1 月 1 日起到密码最近一次被更改的时间。

(4)密码再过几天可以被变更(0 表示随时可被变更)。

(5)密码再过几天必须被变更(99999 表示永不过期)。

(6)密码过期前几天系统会提醒用户(默认为一周)。

(7)密码过期几天后账号会被锁定。

(8)从 1970 年 1 月 1 日算起，多少天后账号失效。

(9)最后一栏预留。

密码的安全策略一般要求如下。

(1)足够长，一般要求不得少于 8 位。

(2)使用数字、大写字母、小写字母及特殊字符中的至少 3 种。

(3)使用随机密码。

(4)定期更换，不要使用最近曾经使用过的密码。

注意：在 Linux 中，root 设置用户密码或者 root 本身密码时，不受上面的限制。但在生产环境中，安全起见，一定要设置比较复杂的密码。

5.3.3 /etc/group 文件

范例 5-3：查看 group 文件内容。

```
[root@rk88 ~]#cat/etc/group
root:x:0:
bin:x:1:
daemon:x:2:
```

具体含义：

(1)用户组名称。

(2)用户组密码：通常不需要设定，密码被记录在 /etc/gshadow。

（3）GID：用户组的 ID。

（4）以当前组为附加组的用户列表（分隔符为逗号）。

5.3.4   /etc/gshadow 文件

范例 5-4：查看 gshadow 文件内容。

```
[root@rk88 ~]#cat/etc/gshadow
root:::
bin:::
daemon:::
sys:::
adm:::
```

具体含义：

（1）用户组名称。

（2）用户组密码。

（3）组管理员列表：组管理员的列表，更改组密码和成员。

（4）以当前组为附加组的用户列表（分隔符为逗号）。

5.4   用户管理命令

5.4.1   useradd 命令

语法：useradd［选项］用户名

功能：useradd 命令可以创建新的 Linux 用户。

常用选项：

-u：设置 UID。

-o：配合-u 选项，不检查 UID 的唯一性。

-g：GID 指明用户所属基本组，可为组名，也可为 GID。

-c "COMMENT"：用户的注释信息。

-d HOME_DIR：以指定的路径（不存在）为家目录。

-s SHELL：指明用户的默认 shell 程序，可用列表在/etc/shells 文件中。

-G GROUP1［，GROUP2，...］：用户指明附加组，组须事先存在。

-r：创建系统用户。CentOS 6 之前，ID＜500；CentOS 7 以后，ID＜1000。

范例 5-5：创建一个普通用户 rose 和创建一个系统服务用户 apache。

```
[root@rk88 ~]#useradd rose
[root@rk88 ~]#useradd -u 1066 -c "[ON\MENT]" -d /home/jack -G danny jack
[root@rk88 ~]#useradd -r -u 48 -g apache -s /sbin/nologin -d /var/www -c
"apache" apache
```

5.4.2　创建用户的模板信息文件及目录

创建用户时，会涉及如下相关文件及目录，即用户产生的模板信息。

1. /etc/default/useradd 文件

此文件主要是关于用户 ID 的规定，/etc/default/useradd 内容如下。

```
[root@rk88 ~]#cat /etc/default/useradd
# useradd defaults file
GROUP=100
HOME=/home
INACTIVE=-1
EXPIRE=
SHELL=/bin/bash
SKEL=/etc/skel
CREATE_MAIL_SPOOL=yes
```

参数说明如下。

(1)GROUP＝100。

Linux 中默认用户组有两种机制：一种是私有用户组机制，系统会创建一个和用户名相同的用户组作为用户的初始组；另一种是公共用户组机制，系统用 GID 是 100 的用户组作为所有新建用户的初始组。目前我们采用的是私有用户组机制。如果 useradd 没有指定组，并且/etc/login.defs 中的 USERGROUPS_ENAB 为 no 或者 useradd 使用了－N 选项时，此时该参数生效。创建用户时使用此组 ID。

(2)HOME＝/home。

该参数指的是用户主目录的默认位置，所有新建用户的主目录都默认保存在 /home/下，新建的用户的主目录为 /home/用户名/。

(3)INACTIVE＝－1。

该参数指的是密码过期后的宽限天数，也就是 /etc/shadow 文件的第七个字段。这里默认值是－1，代表所有新建用户的密码永远不会失效。

(4)EXPIRE＝。

该参数表示密码失效时间，也就是 /etc/shadow 文件的第八个字段。默认值是空，代表所有新建用户的密码没有失效时间，永久有效。

(5)SHELL＝/bin/bash。

该参数表示所有新建用户的默认 Shell 都是 /bin/bash。

(6)SKEL＝/etc/skel。

在创建一个新用户后会发现，该用户主目录并不是空目录，而是有 .bash_profile、.bashrc 等文件，这些文件都是从 /etc/skel 目录中自动复制过来的。因此，更改 /etc/skel 目录下的内容就可以改变新建用户默认主目录中的配置文件信息。

(7)CREATE_MAIL_SPOOL＝yes。

该参数指的是给新建用户建立邮箱，默认在新建用户时自动创建。也就是说，对于所有的新建用户,系统都会新建一个邮箱,放在 /var/spool/mail/ 目录下,邮箱账户名和用户名相同。例如,lamp1 的邮箱位于 /var/spool/mail/lamp1。

2. /etc/skel/ 目录

创建用户时,会把此目录里面的所有子内容,包含隐藏的文件及目录一起复制到创建的用户的主目录中。/etc/skel 目录中包含如下文件,都是隐藏的文件。/etc/skel 目录内容如下所示。

```
[root@rk88 ~]#ls -a /etc/skel
.  ..  .bash_logout  .bash_profile  .bashrc  .mozilla
[root@rk88 ~]#useradd tom
[root@rk88 ~]#ls -a /home/tom
.  ..  .bash_logout  .bash_profile  .bashrc  .mozilla
```

3. /etc/login.defs

密码及 UID、GID 范围相关参数,此处不再列出。

5.4.3　passwd 命令

密码要求:密码长度应在 8~16 位,不能有空格,至少包括大写字母、小写字母、数字、特殊字符中的三种,不能含有连续或重复的三个及三个以上的数字或字母,密码不能是用户名的一部分。

语法:passwd［选项］［用户名］

功能:用户创建用户密码或者修改用户密码。

--stdin:从标准输入接收用户密码,可以使用前一个管道的数据作为密码输入,对 Shell 脚本创建用户很有用。当采用脚本来批量创建用户时,可以使用此种方式,从而减少脚本运行期间的交互。此选项只能 root 用户才可以使用。

-l:意为 Lock,会在/etc/shadow 第二栏最前面加上!,使密码失效。

-u:与-l 相对,即 Unlock。

下面几个选项与/etc/shadow 文件后面的密码属性字段相关。

-S:列出密码相关参数,亦即 shadow 文件内的大部分信息。

-n:后面接天数,指定天数内不可修改密码。

-x:后面接天数,指定天数内必须修改密码。

-w:后面接天数,密码过期前的警告天数。

-i:后面接天数,密码失效天数。

使用此命令时,需要注意如下几点。

(1)允许所有用户修改自己的密码,root 用户可以修改所有用户的密码,对于 root 用户而言,重设用户密码时一定要记得带上用户名,如果不带用户名,则是修改 root 自己的密码。

(2)只有 root 用户可以强行设置简单密码,系统会提示密码简单。

(3)对于普通用户而言,密码设置有复杂程度的要求,如果不符合要求,则密码设置会失败,比如 123 或者 123％abcd 这种密码是无法通过的,而 168@hkmp 这个密码是可以使用的。

范例 **5-6**：设置 jack 用户密码为 abcdef。

```
[root@rk88 ~]#passwd jack
Changing password for user jack.
New password:
BAD PASSWORD: The password is shorter than 8 characters
Retype new password:
passwd: all authentication tokens updated successfully.
```

只有 root 用户才能使用 passwd--stdin，主要是脚本在大量创建用户时使用，因为密码是明文的，所以后面一般都要加上下次登录时强行让用户修改密码的要求，这个密码对于 root 用户设置密码时没有复杂程度要求。一般在批量创建用户时使用或者初始账户要求时使用。

范例 **5-7**：利用--stdin 将 jack 密码重新设置为 123456。

```
[root@rk88 ~]#echo "123456" | passwd --stdin jack
Changing password for user jack.
passwd: all authentication tokens updated successfully.
```

5.4.4 usermod 命令

语法：usermod［选项］用户名

功能：可以修改用户相关属性。

常用选项：

-u UID：新 UID。

-g GID：新主组。

-G GROUP1［,GROUP2,...［,GROUPN]]]：新附加组，原来的附加组会被覆盖；若要保留原有组，则要同时使用-a 选项。

-s SHELL：新的默认 SHELL。

-c 'COMMENT '：新的注释信息。

-d HOME：新家目录不会自动创建；若要创建新家目录并移动原家数据，则同时使用-m 选项。

-l login_name：新的用户名。

-L：lock 指定用户，在/etc/shadow 密码栏增加！。

-U：unlock 指定用户，将 /etc/shadow 密码栏的！去掉。

-e YYYY-MM-DD：指明用户账号过期日期。

-f INACTIVE：设定非活动期限。

范例 **5-8**：修改 jack 用户的主目录。

```
#usermod -d /tmp/jack jack
```

5.4.5　chage 命令

语法：chage［选项］用户名

功能：可以修改用户密码策略。

常用选项：

-d LAST_DAY：实质上修改/etc/shadow 文件中指定用户信息的第 3 列，如果把这一列改为 0，就意味着用户下次登录必须修改密码。

-m --mindays MIN_DAYS：密码可更改的最小天数，为 0 表示可以随时更改。

-M --maxdays MAX_DAYS：密码有效期最大天数。

-W --warndays WARN_DAYS：密码到期前提示的天数。

-I --inactive INACTIVE：密码过期后的宽限期（大写字母 I）。

-E --expiredate EXPIRE_DATE：用户的有效期。

-l：意为 list，显示密码策略。

如果想让使用者在下一次（批量创建用户时的第一次登录）登录时一定要更改密码后才能够使用系统资源，可以使用此命令。

范例 5-9：承接例 5-8 设置 jack 下次登录时必须修改密码，并测试。

```
[root@rk88 ~]#chage -d 0  jack
[C:\~]$ssh jack@ 192.168.125.141

Connecting to 192.168.125.141:22...
Connection established.
To escape to local shell, press 'Ctrl+ Alt+]'.

You are required to change your password immediately (administrator
enforced)
Hello everyone,
Our server will be maintained at 2024/10/10 0:00 ~24:00.
Please don't login server at that time
Activate the web console with: systemctl enable --now cockpit.socket

WARNING: Your password has expired.
You must change your password now and login again!
Changing password for user jack.
Current password:
```

说明："chage -d 0 用户名"表示强制用户下次登录时修改密码，这个实际是修改/etc/shadow 文件指定用户信息的第 3 列为 0。

5.4.6　userdel 删除用户

语法：userdel［选项］用户名
常用选项：

-f，--force：此选项为强制删除用户账户，即使用户仍然处在登录状态。它也强制删除用户的主目录和邮箱，即使其他用户也使用同一个主目录或邮箱不属于指定的用户。如果/etc/login. defs 中的 USERGROUPS_ENAB 定义为 yes，并且有一个和用户同名的组，也会删除此组，即使它是别的用户的主组。

注意：此选项危险，可能会破坏系统的稳定性。

-r，--remove：用户主目录中的文件将随用户主目录和用户邮箱一起删除。在其他文件系统中的文件必须手动搜索并删除。

注意：使用 userdel 命令时需谨慎，因为删除的信息具有不可恢复性，而在生产环境中这种情况是不允许的，比如注销银行卡号，手机号不再使用，这个实际并不是删除使用记录，而是作标记说明。所以在生产环境中，账号不再使用时，一般建议锁住账号，而不是删除。

5.5　组的管理命令

5.5.1　groupadd 命令

1. 创建组
组名字最长不可以超过 32 个字符。
范例 5-10：新建一个组，名为 group1。

```
[root@rk88 ~]#groupadd group1
[root@rk88 ~]#grep group1 /etc/group /etc/gshadow
/etc/group:group1:x:1503:
/etc/gshadow:group1:!::
```

5.5.2　gpasswd 组成员管理

语法：gpasswd［-A user1,...］［-M user3,...］用户组
选项说明：

-M：将某些账号加入这个组中。
-a：将某位使用者加入 groupname 这个用户组中。
-d：将某位使用者移除出 groupname 这个用户组中。

范例 5-11：将 stu、tom、jack、rose 4 个用户（如果不存在，则先创建，可以暂时不用设置密码）设置为 group1 组的成员，相当于给这个组的成员重新赋值。

```
[root@rk88 ~]#gpasswd -M tom,jack,rose,stu group1
[root@rk88 ~]#groupmems -g group1 -l
tom  jack  rose  stu
```

范例 **5-12**:向一个组里面添加新成员 user1。

```
[root@rk88 ~]#useradd user1
[root@rk88 ~]#gpasswd -a user1group1
gpasswd: user 'user1group1' does not exist
[root@rk88 ~]#gpasswd -a user1 group1
Adding user user1 to group group1
```

5.5.3　groups 命令

语法:groups [选项]... [用户名]...

功能:查看用户属于哪几个组以及初始组是哪一个。

范例 **5-13**:查看 tom 用户属于哪几个组。

```
[root@rk88 ~]#groups tom
tom : tom group1
[root@rk88 ~]#
```

5.5.4　newgrp

语法:newgrp [选项] 用户组

功能:临时更改初始组(primary group)。

常用选项:

-m 或-membership:显示用户所在的用户组。

每个用户可以属于一个初始组(用户是这个组的初始用户),也可以属于多个附加组(用户是这个组的附加用户)。既然用户可以属于这么多用户组,那么用户在创建文件后,默认生效的组身份是初始用户组的组身份,因为初始组是用户一旦登录就获得的组身份。也就是说,用户的有效组默认是初始组,因此所创建文件的属组是用户的初始组。要想改变用户的初始组,可以使用命令 newgrp 来实现。

范例 **5-14**:将 tom 用户的初始组改为 group1。将用户身份切换到 tom,临时进行修改。

```
[root@rk88 ~]#su -tom
[tom@rk88 ~]$groups
tom group1
[tom@rk88 ~]$newgrp group1
[tom@rk88 ~]$groups
group1 tom
[tom@rk88 ~]$
```

说明：用户注销后失效。

如果用 newgrp 修改后用户注销，此命令就会失效，如果要永久修改，需要 root 用户使用 usermod 命令。

5.6　切换用户身份

su 即 switch user，可以切换用户身份，并且以指定用户的身份执行命令。

以普通用户身份登录系统，要做管理工作时再切换到 root 身份进行操作，操作结束之后退回普通用户身份。

切换用户身份的方式有 2 种。

第一种：su UserName。

非登录式切换，即不会读取目标用户的配置文件，不改变当前工作目录。

第二种：su -UserName。

登录方式切换，会读取目标用户的配置文件，切换至主目录，如同此用户登录系统的环境状态。

说明：root su 切换至其他用户时无须密码，非 root 用户切换时需要密码。

范例 5-15：现在是 tom 用户登录状态，登录后需要创建用户 mike，切换为 root 身份执行，执行完成管理员操作后退回 tom 用户。

```
[tom@rk88 ~]$su -
Password:
[root@rk88 ~]#useradd mike
[root@rk88 ~]#echo "123" | passwd --stdin mike
Changing password for user mike.
passwd: all authentication tokens updated successfully.
[root@rk88 ~]#exit
logout
[tom@rk88 ~]$
```

5.7　用户授权管理

相对于 su 需要了解新切换的使用者密码（通常需要 root 的密码），sudo 的执行则仅需要自己的密码。甚至可以设定不需要密码即可执行 sudo。由于 sudo 允许以其他用户的身份执行命令（通常是使用 root 的身份来执行命令），因此并非所有用户都能够执行 sudo，而是仅规范到 /etc/sudoers 内的用户才能够执行 sudo 命令。授权信息记录在/etc/sudoers 文件中，这个文件已经存在。利用 visudo 命令编辑/etc/sudoers 文件，它可以检查文件是否撰写正确，也可以使用 vim 编辑器直接编辑。

5.7.1 授权

在/etc/sudoers 文件中找到如下内容行：

```
用户名    主机名称= (可切换的身份)   可使用的命令
root      ALL= (ALL)           ALL
```

上面一行的四个部分的意义如下。

(1)用户账号：系统的哪个账号可以使用 sudo 这个命令。

(2)可下达命令的主机名称：这个账号可以通过 sudo 对某些主机下达命令。基本上，如果针对本机，这个地方可以都填写为 ALL 。如果想让此用户通过 sudo 对其他网络上的特定主机下达命令，就要在这里进行规范。

(3)可切换的身份：这个账号可以切换成什么身份来下达后续的命令，默认 root 可以切换成任何身份。

(4)可下达的命令：可用该身份执行什么样的命令，这个命令请务必使用绝对路径撰写。默认 root 可以切换任何身份且进行任何命令。

范例 5-16：授权给用户 tom 单独修改用户密码。

先用 visudo 打开文件，然后在文件中找到如下行：

root   ALL＝(ALL)   ALL

在上面这一行的地方添加如下加粗行。

```
#      user    MACHINE=COMMANDS
#
# The COMMANDS section may have other options added to it.
#
# Allow root to run any commands anywhere
root    ALL=(ALL)        ALL
tom   ALL=(root)  !/usr/bin/passwd, /usr/bin/passwd
[A-Za-z]* , !/usr/bin/passwd root
```

说明：命令要使用绝对路径，在设定值中加上惊叹号！代表不可执行。因此上面这一行会变成可以执行 passwd 任意字符，但是 passwd 与 passwd root 这两个命令除外。如此一来，tom 就无法改变 root 的密码。这样用户 tom 可以使用 root 的身份来修改其他用户的密码，但不能随意改变 root 的密码。

5.7.2 查看获得的授权

范例 5-17：利用 sudo -l(字母 L 的小写)查看获得的授权。

```
[tom@rk88 ~]$ sudo -l


We trust you have received the usual lecture from the local System
```

```
Administrator. It usually boils down to these three things:

# 1) Respect the privacy of others.
# 2) Think before you type.
# 3) With great power comes great responsibility.

[sudo] password for tom:
Sorry, user tom may not run sudo on rk88.
```

5.7.3　执行获得的授权命令

语法：sudo 命令

功能：执行 sudo 获得的命令。

范例 5-18：修改 jack 用户的密码。

```
[tom@rk88 ~]$ sudo passwd jack
Changing password for user jack.
New password:
```

5.8　上 机 实 践

(1)分别创建用户 tom、jack、rose、stu，均设置密码为 123，打开一个终端，用 tom 用户登录测试。

(2)创建组：组名为 sales。

(3)利用 gpasswd 将 jacd、rose、stu 用户加入这个组。

(4)用户 su 身份切换操作。

①利用 su -tom 切换用户身份。

②利用 touch 命令创建一个 tom.txt 文件。

③利用 groups 进行观察。

④用 newgrp 修改初始组为 sales。

⑤再利用 touch 命令创建一个文件 file1.txt。

⑥观察文件所属组。

⑦利用 ls -l 查看文件属于哪个组，然后回到 root 用户。

(5)将 rose 用户设置为下次登录时必须更改密码，用 rose 用户登录检查效果。

(6)利用--stdin 为 jack 设置密码 abc%1234。

(7)将 tom 用户授权为可以修改系统中除了 root 以外的用户的密码，然后打开一个终端，用 tom 用户登录，将 jack 用户的密码改成 123456。

任务6　文件目录权限管理

◆ **任务描述**

本任务主要介绍 Linux 文件权限的概念、常见权限、特殊权限和权限管理命令。

◆ **知识目标**

1.理解文件权限的概念。

2.熟悉权限的类型及作用。

3.熟悉并理解文件特殊权限和权限控制表。

4.熟悉并理解权限管理的常用命令。

◆ **技能目标**

1.具备使用命令查看文件权限的能力。

2.具备对文件权限设置的能力。

3.具备管理 ACL 权限的能力。

◆ **素养目标**

1.Linux 文件权限管理通过一套明确的规则来规范用户对文件的访问行为,体现了法治精神,有助于培养学生的秩序性。

2.共享文件和目录时需要相互信任并遵守约定的权限规则,帮助学生树立诚信友善的价值观。

6.1　文件权限概述

在 Linux 系统中,文件权限是一个重要的概念,用于管理和控制文件和目录的访问。

文件的权限主要针对三类用户进行定义,分别说明如下。

(1)文件所有者(user):创建文件或目录的用户。该用户对文件有完全的控制权,可以修改文件内容、更改权限以及删除文件。文件所有者也可以是系统中的其他用户而非当前登录用户。

(2)用户组(group):一组用户的集合,其中的用户共享相同的权限。在 Linux 中,每个用户都属于一个用户组。当用户创建一个新文件或目录时,它的用户组通常会被设置为创建者的默认用户组。这样做的目的是让一组用户可以共享相同的文件访问权限。

(3)默认用户组:默认用户组是用户在系统中的默认归属用户组。通常情况下,当用户被创建时,系统会自动为其创建一个与用户名相同的用户组,并将其设置为用户的默认用户组。这样,用户在创建文件或目录时,其用户组会被自动设置为默认用户组。

每个文件针对每类访问者都定义了三种基本权限:

r:readable

w:writable

x:excutable

对文件而言,权限含义如下:

r:可使用文件查看类工具获取其内容。

w:可修改其内容,但不代表可以删除该文件,删除一个文件的前提是对该文件所在的目录有写入权限。

x:可以把此文件提请内核启动为一个进程。

对目录而言,权限含义如下。

r:可以使用 ls 命令查看此目录中的文件列表。

w:可在此目录中创建文件,也可删除此目录中的文件,其实就是可以修改,目录内创建十删除十重命名目录。

x:可以使用 ls -l 命令查看此目录中文件元数据(须配合 r),可以 cd 命令进入此目录。

注意:文件能否被删除的权限是在文件的父目录上控制的,上述权限对于 root 用户而言是无效的。

Linux 文件权限的作用包括以下几个方面:

(1)访问控制:Linux 文件权限决定了哪些用户或用户组可以访问文件或目录。每个文件和目录都有一个所有者、所属组和其他用户的权限设置,这些权限规定了谁可以读取、写入或执行文件。

(2)安全性:文件权限是维护系统安全性的关键。通过合理设置文件权限,可以减少未经授权的访问,减轻潜在的风险和攻击。

(3)数据完整性:通过限制文件的写入权限,文件权限有助于保护文件的完整性,防止未经授权的修改或删除。

(4)隐私保护:文件权限使用户能够保护个人数据和敏感信息,只有经过授权的用户才可以访问这些文件。

(5)多用户支持:Linux 系统通常是多用户的,文件权限允许不同用户在同一系统上拥有自己的私有文件和目录,以防止用户之间的干扰。

(6)文件共享:文件权限支持文件的共享,允许用户选择与其他用户共享文件的权限,同时保持控制权。

6.2　权　限　查　看

6.2.1　使用 ls 命令查看权限

范例 6-1:ls -l 命令查看目录中的对象权限。

```
[root@rk88 ~]#ls -l
total 56
-rw-------. 1 root root 1248 Jun 13 18:58 anaconda-ks.cfg
drwxr-xr-x. 2 root root    6 Jun 13 19:03 Desktop
drwxr-xr-x. 2 root root    6 Jun 13 19:03 Documents
drwxr-xr-x. 2 root root    6 Jun 13 19:03 Downloads
-rw-r--r--. 2 root root    0 Sep  3 12:38 hardlink_demo.txt
-rw-r--r--. 1 root root    0 Jun 19 15:05 hello.sh
-rw-r--r--. 1 root root 1529 Jun 13 19:01 initial-setup-ks.cfg
```

6.2.2　查看目录本身权限

范例 6-2：利用 ls -l 命令时增加一个选项-d 查看目录本身权限。

```
[root@rk88 ~]#ls -ld /tmp
drwxrwxrwt. 17 root root 4096 Sep  4 10:33 /tmp
```

6.2.3　使用 stat 命令查看

功能：查看文件或者目录权限。

范例 6-3：利用 stat 命令查看 anaconda-ks.cfg 元数据。

```
[root@rk88 ~]#stat anaconda-ks.cfg
  File: anaconda-ks.cfg
  Size: 1248 Blocks: 8         IO Block: 4096   regular file
Device: fd00h/64768d Inode: 201326725   Links: 1
Access: (0600/-rw-------)  Uid: (  0/  root)  Gid: (  0/  root)
Context: system_u:object_r:admin_home_t:s0
Access: 2024-06-13 19:00:07.586529088 + 0800
Modify: 2024-06-13 18:58:14.859578982 + 0800
Change: 2024-06-13 18:58:14.859578982 + 0800
Birth: 2024-06-13 18:58:14.751579168 + 0800
[root@rk88 ~]#
```

利用 ls -l 查看当前目录下的内容。

```
[root@rk88 ~]#ls -l
total 56
-rw-------. 1 root root 1248 Jun 13 18:58 anaconda-ks.cfg
drwxr-xr-x. 2 root root    6 Jun 13 19:03 Desktop
```

每一行代表一个文件或者目录信息。现对权限位信息说明如下：

权限位共 9 位，用户类型 3 类：所有者、所有组、其他用户。

对于上面每个用户类型而言，用户权限占 3 位：

①第 1～3 位确定属主（该文件的所有者）拥有该文件的权限。

②第 4～6 位确定属组（所有者的同组用户）拥有该文件的权限。

③第 7～9 位确定其他用户拥有该文件的权限。

6.3　改变文件所有者和组

6.3.1　chown 命令

利用 chown 命令可以改变文件的所有者。一般来说，这个命令只能由系统管理者（root）使用，一般用户没有权限来改变文件的所有者，只有系统管理者（root）才有这样的权限。

语法：chown ［选项］新所有者 文件名

功能：更改文件或目录所有者和用户组。

chown 命令允许用户改变文件或目录的所有者。它可以接受不同的参数和选项来更改文件或目录的所有者。chown 命令可以与不同的选项一起使用，常用选项包括递归地更改所有文件的所有者（-R）。

chown 命令可以修改文件的属主，也可以修改文件属组。

语法：

chown ［OPTION］... ［OWNER］［:［GROUP］］ FILE…

chown ［OPTION］... --reference＝RFILE FILE…

用法说明：

OWNER：只修改所有者。

OWNER:GROUP：同时修改所有者和属组。

:GROUP：只修改属组，冒号也可用 . 替换。

--reference＝RFILE：参考指定的属性来修改。

如果修改文件的属组，不加前面的属主，只写冒号＋属组。

```
chown :root/somepath/file
```

如果修改文件的属主，不需要加冒号和后面的参数。

```
chown root /somepath/file
```

如果文件的属组和属主都修改，则一起写。

```
chown root:root /somepath/file
```

范例 6-4：创建/data 目录，并修改/data 目录的所有者和属组，所有者改为 tom，属组改成 group1。

```
[root@rk88 ~]#mkdir /data
[root@rk88 ~]#ll -d /data
drwxr-xr-x. 2 root root 6 Sep  4 11:00 /data
[root@rk88 ~]#chown tom:group1 /data
[root@rk88 ~]#
[root@rk88 ~]#ll -d /data
drwxr-xr-x. 2 tom group1 6 Sep  4 11:00 /data
[root@rk88 ~]#
```

6.3.2　chgrp 命令

chgrp 命令允许用户更改文件或目录所属的用户组,可以接收不同的参数和选项来更改文件或目录的用户组。chgrp 命令的一般格式如下所示:

语法:chgrp ［选项］新用户组 文件名

功能:更改文件或目录所属组。

选项:chgrp 命令可以与不同的选项一起使用,常见的选项包括递归地更改所有文件的用户组(-R)以及在更改前显示变更信息(-v)。

6.4　chmod 文件权限设置

6.4.1　字符设置模式

通过权限字符和操作符表达式的方法来修改或者设置权限。用户类型字符:u(所有者)、g(组)、o(其他)、a(所有人)。权限字符有 r、w、x。

使用权限字符设置权限的命令格式如下:

chmod［用户类型］［＋｜－｜＝］［权限字符］文件或目录

chmod ［{ugoa}{＋－＝}{rwx}］文件或目录

其中,"用户类型"可用以下字母中的任一个或它们的组合来表示。

u:表示对文件所有者设置权限。

g:表示对文件所有者相同组的所有用户设置权限。

o:表示对其他用户设置权限。

a:表示对所有用户设置权限。

紧跟在用户类型后面的是操作符,意义如下:

＋:添加某个权限。

－:取消某个权限。

＝:赋予给定权限并取消其他所有权限。

而"权限字符"可使用 r、w、x 的组合,写法如下:

```
#chmod   u＋x aa.txt
#chmod   o＋x account.sh
#chmod   o－x account.sh
```

用户类型可以连写，中间不需要任何分隔符号，写法如下：

```
#chmod   ug＋x,o＝r account.sh
#chmod   a＋x account.sh
```

重新设置权限的写法如下：

```
#chmod u＝rwx,g＝rw,o＝r account.sh
```

范例 6-5：创建一个脚本文件 sh1.sh，输出"hello world"，给用户增加这个文件的可执行权限，然后执行。

```
#vim   sh1.sh
文件内容如下：
#!/bin/bash
echo "hello world"
#创建完成后，给所有用户增加对 sh1.sh 的可执行权限
#脚本执行需要可执行权限
#以绝对路径即 fullname 或者./脚本名来执行
[root@rk88 ~]#ll sh1.sh
-rwxr-xr-x. 1 root root 31 Sep  4 11:03 sh1.sh
[root@rk88 ~]#./sh1.sh
hello world
```

6.4.2　用数字重新设置权限

3 类用户权限共占 9 栏，每 3 栏代表一类用户，对于每类用户而言，有权限的位置用二进制数 1 表示，没有则用 0 表示，然后将这 3 位二进制数转换成对应的八进制数即得到当前对应的这类用户权限数值结果，最后将 3 类用户都利用相同的方法转成八进制数。

每类用户由 3 位二进制数构成，在实际表示中，要将 3 位二进制数转成八进制数来表示，类似于 IP 地址转换。

stat 命令可以查看数值权限，如果把用数字方式表示权限，看成一个八进制的千位数，那么数字从个位开始分别代表如下含义：

个位：其他用户权限。

十位：文件所有组的权限。

百位：文件所有者权限。

千位：文件目录特殊权限组合值。

需要注意的是，利用数字重新设置权限时，省略所在位，即表示为 0。比如：只写两个数字，那么就是个位和十位，这个时候百位和千位是 0，即表示其他用户和所属组有权限，百位为 0 表示所有者没有权限，千位为 0 则表示不存在特殊权限。

因为一般的文件和目录没有特殊权限，所以在利用数字设置权限时一般使用三位数，千位

数(特殊权限)这个时候实际是 0,可以不写。

范例 6-6:查看范例 6-5 中创建的 sh1.sh 文件的权限。

```
[root@rk88 ~]#stat sh1.sh
  File: sh1.sh
  Size: 31Blocks: 8       IO Block: 4096    regular file
Device: fd00h/64768d Inode: 203118447   Links: 1
Access: (0755/-rwxr-xr-x)  Uid: ( 0/  root)  Gid: ( 0/  root)
Context: unconfined_u:object_r:admin_home_t:s0
Access: 2024-09-04 11:03:50.555589758 + 0800
Modify: 2024-09-04 11:03:28.926589005 + 0800
Change: 2024-09-04 11:03:46.735589625 + 0800
Birth: 2024-09-04 11:03:28.926589005 + 0800
```

sh1.sh 的字符和数字权限对应如表 6-1 所示。

表 6-1　sh1.sh 文件数字权限示意

用户类型	所有者	所有组	其他用户
字符权限	r　w　x	r　-　x	r　-　x
二进制数	1　1　1	1　0　1	1　0　1
八进制数	4+2+1=7	4+0+1=5	4+0+1=5

所以采用数值方法设置上述 sh1.sh 文件的权限,写法如下:

#chmod　755　sh1.sh

此文件夹的默认权限是 0755,文件的默认权限一般是 0644,少了一个可执行权限。

6.5　特殊权限

文件特殊权限是对一般权限的补充(由于管理员不受一般权限的控制,可以通过特殊权限来控制),特殊权限会对管理员生效。Linux 文件系统上的特殊权限有 3 种:SUID、SGID、SBID。

(1)这三种特殊权限分别出现在文件所有者、所有组和其他用户的可执行权限 x 位上。

(2)当出现特殊权限时,此文件(目录)依然有可执行权限,同时还有这个特殊权限。

(3)三种特殊权限对应数值权限从右到左的第 4 位上的八进制数表示法。

(4)设置此特殊权限后,所有者的执行权限字符用 s 或 S 表示(不用 x 或-表示)。

6.5.1　SUID

权限字符:s(小写)、S(大写)。s 和 S 的区别如下:

在配置特殊权限时,如果文件所有者没有执行权限,则配置 SUID 特殊权限后,文件所有者对此文件的执行权限为 S(即如果所有者的权限为 r--,配置 SUID 特殊权限后,权限为 r-S)。

在配置特殊权限时,如果文件所有者有执行权限,则配置 SUID 特殊权限后,文件所有者对此文件的执行权限为 s(即如果所有者的权限为 r-x,配置 SUID 特殊权限后,权限为 r-s)。

范例 6-7:查看特殊权限 SUID。

```
[root@rk88 ~]#ls -l 'which passwd'
-rwsr-xr-x. 1 root root 33424 Apr 20  2022 /usr/bin/passwd
```

进程有属主(所有者)和属组(所属组);文件有属主(所有者)和属组(所属组)。

(1)任何一个可执行程序文件能否启动为进程,取决于用户对程序文件是否拥有执行权限。

(2)启动为进程之后,其进程的属主(所有者)为发起者,进程的属组为发起者所属的组。

(3)进程访问文件时的权限,取决于进程的发起者。

①进程的发起者,同文件的属主,则应用文件属主权限;

②进程的发起者,属于文件属组,则应用文件属组权限。

SUID 只对二进制或可执行程序脚本有效。

SUID 设置在目录上无意义。

当在所有者位置出现 s 权限的时候,启动进程的用户会临时获得这个程序的所有者身份 root,当修改自己密码的时候需要以 root 身份写入/etc/shadow 文件,下面是/etc/shadow 的权限:

```
[root@rk88 ~]#ls -l /etc/shadow
----------. 1 root root 1812 Sep  4 10:12 /etc/shadow
```

SUID 权限设定如下:

字符设定:chmod u+s FILE

数值设定:chmod 4xxx FILE (xxx 分别是原来数值权限值)

SUID 数值设定如下:

出现第 4 位八进制数字(最左边),也是由 3 个二进制数组成,SUID 的 s 占二进制数最高位,转换如下:

1 0 0

4 0 0

所以当一个文件在所有者位置上出现 s 权限时,千位的二进制就是 100,转成八进制数之后就是 4,/usr/bin/passwd 权限如下:

```
[root@rk88 ~]#stat /usr/bin/passwd
  File: /usr/bin/passwd
  Size: 33424 Blocks: 72        IO Block: 4096   regular file
Device: fd00h/64768d Inode: 2527957     Links: 1
Access: (4755/-rwsr-xr-x)  Uid: (  0/  root)  Gid: (  0/  root)
Context: system_u:object_r:passwd_exec_t:s0
Access: 2024-09-04 06:41:08.565041041 +0800
Modify: 2022-04-20 07:49:34.000000000 +0800
```

```
Change: 2024-06-13 18:50:39.079563154 +0800
Birth: 2024-06-13 18:50:39.076563158 +0800
```

6.5.2　SGID

设置 SGID 特殊权限后,文件所属组执行权限为 s 或 S(不用 x 或-表示,s 和 S 的区别类似 SUID,此处不再赘述)。

范例 6-8:如果用 locate 命令去搜索,其实是读取 mlocate.db 数据库,mlocate.db 文件的所属组和 locate 命令权限如下。

```
[root@rk88 ~]#ll /var/lib/mlocate/mlocate.db
-rw-r-----. 1 root slocate 3278611 Sep  4 06:27 /var/lib/mlocate/
mlocate.db
[root@rk88 ~]#ll 'which locate'
-rwx--s--x. 1 root slocate 42248 Apr 12  2021 /usr/bin/locate
```

1.二进制的可执行文件上的 SGID

任何一个可执行程序文件能否启动为进程,取决于发起者对程序文件是否拥有执行权限,启动为进程之后,其进程的属组为源程序文件的属组。

SGID 权限设定:

chmod g+s FILE...

chmod 2xxx FILE

0 1 0

(千位是 2)

chmod g-s FILE...

2.目录上的 SGID 权限功能

默认情况下,当用户在这个目录里创建文件或者目录时,其属组(所有者)为此用户所属的主组。

一旦某目录被设定 SGID,则对此目录有执行权限的用户在此目录中创建的文件所属的组为此目录的属组,通常用于创建一个协作目录。

SGID 权限设定:

chmod g+s DIR...

chmod 2xxx DIR

chmod g-s DIR...

范例 6-9:创建/html 目录,并设置 SGID,权限设置要求如下:

所有者 root　　rwx

所有组 sales　　rws

其他用户　　　　rx

tom 在 html 目录下创建文件资源时,这个资源的组就是 sales,即 html 目录的所属组。

操作如图 6-1 所示。

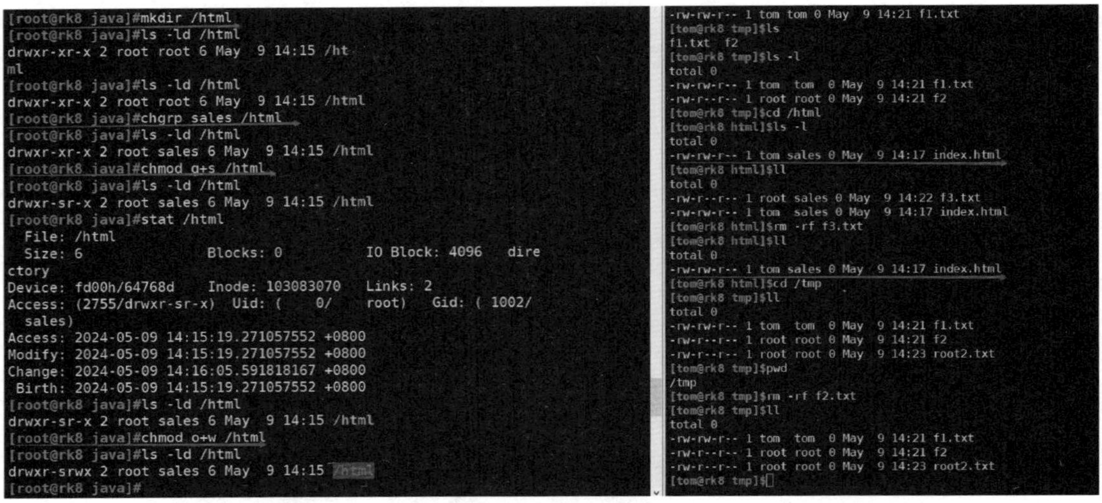

图 6-1　目录上设置 SGID 权限

6.5.3　SBID

设置 SBID 特殊权限后,文件的其他用户的执行权限为 t 或 T(不用 x 或-表示,t 和 T 的区别类似 SUID,此处不再赘述),SBID 称为保护位。针对文件或目录设置 SBID。

设置 SBID 特殊权限后,就可以确保用户只能删除自己的文件或目录,而不能删除其他用户的文件或目录。root 不受特殊权限的控制,即 root 可以删除任何用户创建的文件。

SBID 权限只能出现在目录权限上,出现位置是其他用户的 x 权限位置,也就是这个时候原来的 x 权限变成了 t。具有写权限的目录,通常用户可以删除该目录中的任何文件,无论该文件的权限或所有权如何。在目录设置 SBID,只有文件的所有者或 root 可以删除该文件。SBID 设置在文件上无意义。

SBID 权限设定:

chmod o+t DIR...

chmod 1xxx DIR

chmod o-t DIR...

6.6　权限掩码

umask 的值可以用来保留创建文件及目录权限,需要注意的是,当新建文件或目录时,默认无三种特殊权限。

新建文件的默认权限:666-umask,默认把 x 权限取消了,如果所得结果某位存在执行(奇数)权限,则将其权限-1,偶数不变,具有如下特点:

(1)新建目录的默认权限是 777-umask;

(2)非特权用户 umask 默认是 002;

（3）root 的 umask 默认是 022。

范例 6-10：root 查看 umask。

```
[root@rk88 ~]#umask
0022
```

范例 6-11：普通用户查看 umask。

```
[tom@rk88 ~]$umask
0002
```

持久保存 umask 需要修改全局设置，如图 6-2 所示。

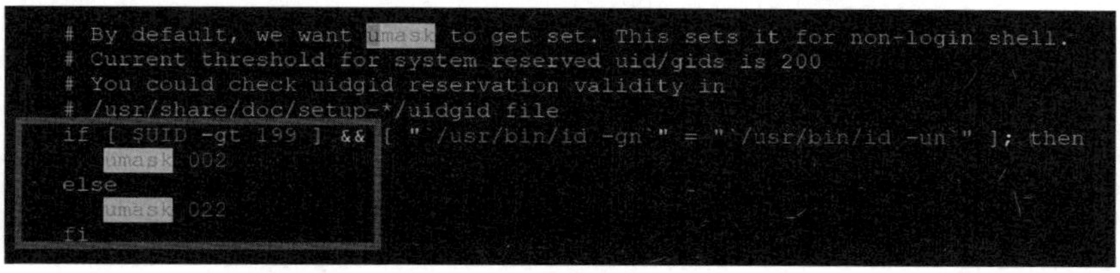

图 6-2　/etc/bashrc 中的权限掩码

说明：第一位代表特殊位（对应文件的特殊权限，只有配置了 SUID、SGID、SBID，此值才有效），暂不考虑，所以此文件中只设置了 3 位正常权限掩码。

6.7　ACL 权限设置

功能：为不同的用户设置不同的访问权限。

chmod 只能设置一个用户（所有者）、一个组、其他三种类型用户权限。要想设置多个用户对一个文件有不同的访问权限，需要通过 ACL 访问控制列表进行设置。Windows 下的NTFS 具有这个功能，即允许指定用户访问这个文件，而对于每个访问用户或者每类访问用户可以分别设置权限，这就是 ACL 访问控制方式。Linux 系统下，自 ext4 文件系统开始默认开启支持 ACL 功能，ext4 以前则需要在挂载磁盘时增加 ACL 选项。

1. 设置 ACL 权限：setfacl 命令

语法：setfacl［选项］文件名

功能：对文件设置 facl（文件访问控制列表）。

常用选项：

-m：修改权限（权限设置不允许使用数字法）。

-u：对用户进行设定。

-g：对用户组进行设定。

-R：对目录设定 facl。

-b：删除所有扩展 facl。

-x：删除某个 facl。

-X：从文件中读取 facl 并删除。

-k：移除默认 facl。

-d：设置默认的 ACL 规则。

范例 6-12：设置如下几个用户对 sh1. sh 文件的 ACL 权限。

```
[root@rk88 ~]#[root@rk88 ~]#setfacl -m u:tom:rwx,u:rose:r,u:jack:rw,g:
group1:rx sh1.sh
```

2. 查看 ACL 权限：getfacl 命令

语法：getfacl［选项］文件名

功能：查看文件已经设置的文件访问权限。

常用选项：

-a：同 getfacl 文件名。

-c：显示文件的 facl，不显示注释标题。

-R：显示目录的 facl。

-d：显示文件默认的 facl。

范例 6-13：承接范例 6-12，查看 sh1. sh 文件 ACL 权限设置结果。

```
[root@rk88 ~]#ll sh1.sh
-rwxrwxr-x+  1 root root 31 Sep  4 11:03 sh1.sh
#可以看到权限最后是+号，表明此文件有 ACL 权限
[root@rk88 ~]#getfacl sh1.sh
#file: sh1.sh
#owner: root
#group: root
user::rwx
user:tom:rwx
user:rose:r--
user:jack:rw-
group::r-x
group:group1:r-x
mask::rwx
other::r-x
```

6.8 上 机 实 践

(1)按如下要求列出命令查看权限：

①利用 ls -ld 命令查看/root/home/tom/目录权限。

②利用 ls -l 命令查看/usr/bin/passwd、/usr/bin/locate 文件权限。

③利用 ls -ld 命令查看/tmp 目录权限。

④利用 stat 命令查看/tmp 目录权限，主要查看数字权限。

（2）权限设置与执行脚本，因脚本将在后续章节讲解，所以此处仅列出操作步骤。

①利用 vim 命令创建一个脚本，脚本名称为 hello.sh。

```
[root@rk88 ~]#vim    hello.sh
```

脚本内容如下：

```
# !/bin/bash
echo "hello world!!!";
```

②给脚本文件可执行权限：

```
[root@rk88 ~]#chmod   a+x   hello.sh
```

③执行脚本：

```
/root/hello.sh   ./hello.sh
```

④利用数字方法设定所有人都有可执行权限。

（3）创建 teacher 用户，设置密码为 123。

（4）将 hello.sh 复制到 teacher 的主目录下。

（5）利用 su-teacher 切换到 teacher 用户，执行脚本 hello.sh 看是否有结果，执行完成后退出 teacher 用户（exit）。

（6）ACL 权限设置。

①将 hello.sh 文件复制到/tmp 目录下。

②利用 ACL 权限设置，对 stu 用户给予 rwx 权限，并查看权限结果。

③利用 su-stu 进入/tmp 目录，执行脚本 hello.sh，看是否可以执行，执行完成后退出（exit）。

（7）创建目录/public，将其设置为具有 t 特殊权限，设置好后观察设置结果。

（8）将/public 文件夹的所有者给 teacher 用户，按下述操作观察结果：

①创建用户 jack 和 tom。

②切换到 tom 身份下创建文件 /public/tomtest.txt。

③切换到 jack 身份下创建文件 /public/jacktest.txt。

④以 jack 身份删除 tomtest.txt，观察是否能成功删除。

（9）SGID 操作，创建一个组 sales。

①将上述/public 文件夹的所属组修改为 sales。

②将/public 权限设置 SGID。

③切换到用户 tom 身份，进入/public 目录，在此目录里创建一个文件 tom.txt。

④利用 ls -l 命令查看 tom.txt 的所属组。

任务 7　文件打包与压缩

◆ **任务描述**

本任务主要介绍打包和压缩的定义、区别以及具体操作。

◆ **知识目标**

1. 了解打包和压缩的基本概念。
2. 熟悉常用的打包和压缩命令。
3. 熟悉 tar 命令的基本操作。

◆ **技能目标**

1. 具备查看打包和压缩文件类型的能力。
2. 具备使用常用打包命令的能力。
3. 具备熟练使用 tar 命令进行打包、压缩和备份的能力。

◆ **素养目标**

1. 文件打包与压缩可减少存储空间的占用，提高数据传输的效率，减少网络带宽的消耗，培养资源管理意识、环保意识以及对效率和责任的认识。

2. 对文件进行合理的组织和分类，要求具备一定的责任感和遵守规范的意识，强调个人责任和社会规范相契合。

7.1　打包和压缩概述

1. 打包

打包，也称为归档，指的是多个文件或目录的集合，而这个集合被存储在一个文件中。归档文件没有经过压缩，因此，它占用的空间是其中所有文件或目录的总和。

2. 压缩

和归档文件类似，压缩文件也是多个文件或目录的集合，且这个集合也被存储在一个文件中。但它们的不同之处在于，压缩文件采用了不同的存储方式，使其所占用的磁盘空间小于集合中所有文件或目录大小的总和。

压缩是利用算法时文件进行处理，以达到最大限度地保留文件信息并让文件体积变小的目的。其基本原理为，通过查找文件内的重复字节，建立一个相同字节的词典文件，并用一个代码表示。比如,在压缩文件中不止一处出现"Python",那么在压缩文件时,这个词就会用一个代码表示,并写入词典文件,这样就可以实现缩小文件体积的目的。

　　计算机处理的信息以二进制的形式表示,因此,压缩软件就是把二进制信息中相同的字符串以特殊字符标记,只要通过合理的数学计算,文件的体积就能被大大压缩。将一个或多个文件用压缩软件进行压缩,形成一个文件压缩包,既可以节省存储空间,又便于在网络上传输。

7.2　打包命令 tar

　　Linux 系统中,最常用的打包(归档)命令就是 tar(Tape Archive,磁带归档),该命令可以将多个文件保存到一个单独的磁带或磁盘中进行归档。不仅如此,该命令还可以从归档文件中还原所需文件,即打包的反过程,称为解包。

　　语法:tar［选项...］［文件］...

　　常用选项:

　　-c:建立一个打包文件。

　　-x:解包一个文件。

　　-t:列出归档文件的内容。

　　-j:通过 bzip2 进行压缩或解压缩,文件名为 ∗.tar.bz2。

　　-z:通过 gzip 进行压缩或解压缩,文件名为 ∗.tar.gz。

　　-v:压缩的过程中显示文件名。

　　-f:指定归档文件名,后接结果文件名时,只能放在参数末尾或者单独列出,因为这个选项后面有一个必须要接的参数(即打包的结果文件)。

　　-p:使用原文件的原来属性(属性不会因使用者而变)。

　　-P:保留绝对路径。

7.2.1　tar 命令打包与解包

　　tar 命令可以将多个目录或文件打包成一个文件,称为打包文件。

　　凡是在 Linux 中提到文件或者文件夹,均可以使用绝对或者相对路径来表示。

　　通过选项来指定要打包还是解包:

　　-c:表示创建打包文件。

　　-x:表示解包文件。

　　打包功能格式:

　　# tar　-c　-f　/PATH/TO/SOMEFILE.tar　源文件或者文件夹列表

　　常用的写法是把选项写到一起,但 f 一定要写在最后,因为 f 后紧跟一个空格,后面加上打包文件名参数,即可以写成:

　　# tar　-cf　/PATH/TO/SOMEFILE.tar 源文件或者文件夹

　　不能写成:

　　# tar　-fc　/PATH/TO/SOMEFILE.tar 源文件或者文件夹

　　选项-v 会将打包或者解包的文件信息显示在屏幕上。

```
[root@rk88 work]#tar  -cvf  /tmp/work.tar  /work/*
```

范例 7-1：新建/work 目录，并将几个文件复制到此目录中，然后打包和解包。

```
[root@rk88 work]#mkdir  /work
[root@rk88 work]#cp  /etc/services /etc/termcap /etc/php.ini /work
[root@rk88 work]#cd  /work
[root@rk88 work]#ls
[root@rk88 work]#tar  -cf  work.tar  /work/*   #创建打包文件到当前目录
[root@rk88 work]#tar -cf /tmp/work.tar /work/*   #创建打包文件到/tmp
[root@rk88 work]#ls /tmp
[root@rk88 work]#tar -cvf /tmp/work.tar /work/*   #加-v选项显示执行过程
[root@rk88 work]#tar -xvf work.tar   #解包到当文件夹
[root@rk88 work]#tree ./
[root@rk88 work]#tar -xvf work.tar -C /root  利用-C选项解包到指定目录
tree /root
```

7.2.2 tar 命令打包与压缩

在 Linux 系统中，压缩要先打包成 tar 格式，再压缩成 tar.gz 或 tar.bz2 格式，过程略显复杂。但 tar 命令可以实现同时打包和压缩。

语法：[root@rk88 data]#tar［选项］压缩包 源文件或目录

压缩和解压缩是通过调用程序来进行的，通过选项来实现调用的，此处常用的选项分别是：

-z：使用 gzip 压缩和解压缩 tar.gz 格式文件或目录。

-j：使用 bzip2 压缩和解压缩 tar.bz2 格式文件或目录。

范例 7-2：压缩与解压缩 tar.gz 格式文件。

```
[root@rk88 data]#tar -c -z -f /tmp/data.tar.gz  /data
```

把/data/目录直接打包压缩为 tar.gz 格式文件，通过-z 选项来识别格式。

下面这种写法也很常见：

```
[root@rk88 data]#tar -czvf /tmp/data1.tar.gz /data
```

查看压缩包内容：

```
[root@rk88 data]#tar -tf /tmp/data.tar.gz
```

范例 7-3：解压缩包/tmp/data.tar.gz 到当前文件夹下。

```
[root@rk88 ~]#tar -zxf /tmp/data.tar.gz
```

范例 7-4：如果要解压到/work 目录中，则写成：

```
[root@rk88 ~]#tar -zxf /tmp/data.tar.gz -C /work
```

7.2.3　tar 命令备份

tar 命令最初被用来在磁带上创建备份,现在可以用于在任何设备上创建备份。利用 tar 命令可以将大量文件或目录打包成一个文件,这对于备份或是传输大量文件是非常有用的。如果确定需要把文件或者目录备份到 tar 文件中,就可以使用-P 选项和-p 选项,这样可以记录原来的路径和权限。

范例 7-5:将/boot 目录备份到/root/data 目录中并还原。

在/boot 目录中先复制一个/etc/inittab 文件,再进行备份,备份完成后,将/boot 目录中的 inittab 文件删除,然后还原。

注意:不要去删除/boot 目录中原有的文件。为便于观察,将选项分开写。

```
[root@rk88 ~]#cp /etc/inittab /boot

[root@rk88 ~]#ls -tm /boot
inittab, grub2, initramfs-4.18.0-477.10.1.el8_8.x86_64.img,
initramfs-0-rescue-b35d8194e9ea44e792961f6c98862e89.img,
vmlinuz-0-rescue-b35d8194e9ea44e792961f6c98862e89,
symvers-4.18.0-477.10.1.el8_8.x86_64.gz, loader, efi,
vmlinuz-4.18.0-477.10.1.el8_8.x86_64, config-4.18.0-477.10.1.el8_8.x86
_64,
System.map-4.18.0-477.10.1.el8_8.x86_64

[root@rk88 ~]#mkdir -pv /root/data
mkdir: created directory '/root/data'
#备份
[root@rk88 ~]#tar -cz -p -P -f /root/data/bootbak.tar.gz /boot
#删除/boot/inittab 文件
[root@rk88 ~]#rm -f /boot/inittab
#查看删除后的结果,确认没有 inittab 文件
[root@rk88 ~]#find /boot -name "inittab"

#还原
[root@rk88 ~]#tar -xz -p -P -f /root/data/bootbak.tar.gz
#查看结果
[root@rk88 ~]#find /boot -name "inittab"
/boot/inittab
```

注意:如果在解压缩包时不加-P 选项,则程序还是按正常的解压步骤进行,即解压到当前目录或者-C/path/to/中。

7.3　常用的压缩命令

如果能够理解文件压缩的基本原理，那么很容易就能想到，对文件进行压缩很可能损坏文件中的内容，因此，压缩又分为有损压缩和无损压缩。无损压缩指的是压缩数据必须准确无误；有损压缩指的是即便丢失个别数据，对文件也不会造成太大的影响。有损压缩广泛应用于视频、音频和图像文件，例如视频文件格式 MPEG、音频文件格式 MP3 以及图像文件格式 JPG。

采用压缩工具对文件进行压缩，生成的文件称为压缩包，该文件的体积通常只有原文件的一半甚至更小。需要注意的是，压缩包中的数据无法直接使用，使用前需要利用解压工具将文件数据还原，此过程又称解压缩。

Linux 系统下，常用归档命令有 2 个，分别是 tar 和 dd（相对而言，tar 的使用更为广泛）；常用的压缩命令有很多，比如 zip、gzip、bzip2 等。

7.3.1　zip 命令

在 Windows 系统上经常会使用 zip 格式压缩文件，其实 zip 格式文件是 Windows 和 Linux 系统通用的压缩文件类型，属于几种主流的压缩格式之一，是一种相当简单的存储格式，可以分别压缩每个文件，类似于 Windows 系统中的 winzip 压缩程序，其基本格式如下：

语法：zip［选项］压缩包名 源文件或源目录列表

注意：zip 压缩命令需要手动指定压缩之后的压缩包名，注意写清楚扩展名，以便解压缩时使用。

常用选项：

-r：递归压缩目录，将指定目录下的所有文件以及子目录全部压缩。

-m：将文件压缩之后，删除原始文件，相当于把文件移到压缩文件中。

-v：显示详细的压缩过程信息。

-q：在压缩的时候不显示命令的执行过程。

-压缩级别：1—9，1 代表压缩速度更快，9 代表压缩效果更好。

-u：更新压缩文件，即在压缩文件中添加新文件。

范例 7-6：zip 命令的使用。

```
[root@rk88 ~]#zip ana.zip anaconda-ks.cfg
adding: anaconda-ks.cfg (deflated 37% )
#生成压缩文件
```

范例 7-7：使用 zip 命令压缩目录，需要使用-r 选项。

```
[root@rk88 ~]#mkdir dir1
#建立测试目录
[root@rk88 ~]#zip -r dir1.zip dir1
```

```
adding: dir1/(stored 0%)
#压缩目录
[root@rk88 ~]#ls -dl dir1.zip
-rw-r--r--1 root root 160 6 月 1716:22 dir1.zip
#压缩文件生成
```

7.3.2　unzip 命令

语法:unzip [选项] 压缩包名

功能:unzip 命令可以查看和解压缩 zip 文件。

常用选项:

-d 目录名:将压缩文件解压到指定目录下。

-n:解压时不覆盖已经存在的文件。

-o:解压时覆盖已经存在的文件,并且无须用户确认。

-v:查看压缩文件的详细信息,包括压缩文件中包含的文件大小、文件名以及压缩比等,但并不进行解压操作。

-t:测试压缩文件有无损坏,但不进行解压操作。

-x:文件列表解压文件,但不包含文件列表中指定的文件。

范例 7-8:不论是文件压缩包,还是目录压缩包,都可以直接解压缩。

```
[root@rk88 ~]#unzip dir1.zip
Archive: dir1.zip
creating: dir1/   #解压缩
```

范例 7-9:使用-d 选项手动指定解压缩的位置。

```
[root@rk88 ~]#unzip -d /tmp/ ana.zip
Archive: ana.zip
inflating: /tmp/anaconda-ks.cfg
#把压缩包解压到指定位置
```

7.3.3　gzip 命令

gzip 命令是 Linux 系统中经常用来对文件进行压缩和解压缩的命令,通过此命令压缩得到的新文件,其扩展名通常标记为".gz"。gzip 命令只能用来压缩文件,不能压缩目录,即便指定了目录,也只能压缩目录内的所有文件。

语法:gzip [选项] 源文件

当进行压缩操作时,命令中的源文件指的是普通文件;当进行解压缩操作时,源文件指的是压缩文件。该命令的常用选项如下:

-c:将压缩数据输出到标准输出中,并保留源文件。

-d:对压缩文件进行解压缩。

-r:递归压缩指定目录下以及子目录下的所有文件。

-v:对于每个压缩和解压缩的文件,显示相应的文件名和压缩比。

范例 7-10:将 install. log 文件进行压缩。

```
[root@rk88 ~]#gzip install.log
#压缩 instal.log 文件
[root@rk88 ~]#ls
anaconda-ks.cfg install.log.gz install.log.syslog
#压缩文件生成,但是源文件也消失了
```

gzip 压缩命令非常简单,甚至不需要指定压缩之后的压缩包名,只需指定源文件名即可。

范例 7-11:使用-c 选项进行保留源文件的压缩。

```
[root@rk88 ~]#gzip -c anaconda-ks.cfg > anaconda-ks.cfg.gz
```

使用-c 选项,但是不让压缩数据输出到屏幕上,而是重定向到压缩文件中,这样可以在压缩文件的同时不删除源文件。

```
[root@rk88 ~]#ls
anaconda-ks.cfg anaconda-ks.cfg.gz install.log.gz install.log.syslog
```

范例 7-12:压缩目录 test。

```
[root@rk88 ~]#mkdir test
[root@rk88 ~]#touch test/test1
[root@rk88 ~]#touch test/test2
[root@rk88 ~]#touch test/test3    #建立测试目录,并在其中建立几个测试文件
[root@rk88 ~]#gzip -r test/
```

压缩目录后,并没有报错。

```
[root@rk88 ~]#ls
anaconda-ks.cfg anaconda-ks.cfg.gz install.log.gz install.log.syslog test
```

查看发现 test 目录依然存在,并没有变为压缩文件。

```
[root@rk88 ~]#ls test/
testl .gz test2.gz test3.gz
```

7.3.4 gunzip 命令

gunzip 是一个广泛使用的解压缩命令,它用于解压被 gzip 命令压缩过的文件,扩展名为 ".gz"。

语法:gunzip [选项] 文件

常用选项:

-r:递归处理,解压缩指定目录下以及子目录下的所有文件。

-c:把解压缩后的文件输出到标准输出设备。

-f:强制解压缩文件,不理会文件是否已存在等情况。

-l：列出压缩文件内容。

-v：显示命令执行过程。

-t：测试压缩文件是否正常，但不对其进行解压缩操作。

范例 7-13：直接解压缩文件 install. log. gz。

```
[root@rk88 ~]#gunzip install.log.gz
```

当然，gunzip -r 命令依然只会解压缩目录下的文件，而不会解打包。要想解压缩 gz 格式的文件，还可以使用 gzip -d 命令，例如：

```
[root@rk88 ~]#gzip -d anaconda-ks.cfg.gz
```

范例 7-14：使用-r 选项解压缩目录 test/下的内容。

```
[root@rk88 ~]#gunzip -r test/
```

注意：如果压缩的是一个纯文本文件，则可以直接使用 zcat 命令在不解压缩的情况下查看这个文本文件中的内容，如下所示：

```
[root@rk88 ~]#zcat anaconda-ks.cfg.gz
```

7.3.5 bzip2 命令

bzip2 命令同 gzip 命令类似，只能对文件进行压缩（或解压缩），对于目录只能压缩（或解压缩）该目录及子目录下的所有文件。当执行压缩任务完成后，会生成一个以".bz2"为后缀的压缩包。

bz2 格式是 Linux 的另一种压缩格式，从理论上来讲，bz2 格式的算法更先进、压缩比更好；而 gz 格式的压缩（或解压缩）时间更短。

语法：bzip2［选项］源文件

常用选项：

-d：执行解压缩，此时该选项后的源文件应为标记有".bz2"后缀的压缩包文件。

-k：bzip2 命令在压缩或解压缩任务完成后，会删除源文件，若要保留源文件，可使用此选项。

-f：bzip2 命令在压缩或解压缩时，若输出文件与现有文件同名，则默认不会覆盖现有文件，若使用此选项，则会强制覆盖现有文件。

-t：测试压缩包文件的完整性。

-v：压缩或解压缩文件时，显示详细信息。

-数字：用于指定压缩等级，1 表示压缩等级最低，压缩比最低；9 表示压缩等级最高，压缩比最高。

注意：gzip 只是不能打包目录，但是如果使用-r 选项，则可以分别压缩目录下的每个文件；而 bzip2 命令则根本不支持压缩目录，也没有-r 选项。

范例 7-15：直接压缩文件 anaconda-ks. cfg。

```
[root@rk88 ~]#bzip2 anaconda-ks.cfg
```

此压缩命令会在执行压缩的同时删除源文件。

范例 7-16：压缩 install.log.syslog 的同时保留源文件。

```
[root@rk88 ~]#bzip2 -k install.log.syslog
#压缩
[root@rk88 ~]#ls
anaconda-ks.cfg.bz2 install.loginstalLlogsyslog install.logsyslogbz2
```

7.3.6 bunzip2 命令

要解压 bz2 格式的压缩包文件，除了使用 bzip2 命令外，还可以使用 bunzip2 命令。

bunzip2 命令的使用和 gunzip 命令大致相同，bunzip2 命令只能用于解压文件，即便解压目录，也是解压该目录及所含子目录下的所有文件。

语法：bunzip2 [选项] 源文件

常用选项：

-k：解压缩后，默认会删除原来的压缩文件，若要保留原有文件，则需使用此选项。

-f：解压缩时，若输出的文件与现有文件同名，则默认不会覆盖现有的文件；若要覆盖，则可使用此选项。

-v：显示命令执行过程。

-l：列出压缩文件内容。

范例 7-17：使用 bunzip2 命令进行解压缩。

```
[root@rk88 ~]#bunzip2 anaconda-ks.cfg.bz2
```

范例 7-18：使用"bzip2 -d 压缩包"命令对 bz2 格式进行解压缩。

```
[root@rk88 ~]#bzip2 -d install.log.syslog.bz2
```

范例 7-19：使用 bzcat 命令不解压缩直接查看 bz2 格式的文本。

```
[root@rk88 ~]#bzcat install.log.syslog.bz2
```

Linux 中常见的压缩命令为 gzip、bzip2，这两个命令只能压缩一个文件，没有打包功能，要想实现打包并压缩功能，就使用 tar 命令。

7.4 上机实践

（1）利用 gzip 命令压缩/root/anaconda-ks.cfg 文件，并观察压缩结果。

（2）新建两个目录：/php、/work。把/etc/目录打包压缩到/php 目录，并查看压缩包文件里面的内容，后解压到/work 目录。

（3）利用 P、p 选项，将/boot 目录备份到/tmp 目录，并且进行还原，备份之前在/boot 目录中添加一个测试文件（创建或复制都可以）。备份成功之后，把/boot 目录中的 cp 命令或者创建文件删除，然后还原，再查看/boot 目录下是否有之前创建或者复制过来的文件。

任务 8　磁盘及文件系统管理

◆ **任务描述**

本任务详细介绍了 Linux 的磁盘和文件系统管理的基本概念、分区原理和分区实际操作，以便熟练掌握磁盘分区及文件系统的常用操作。

◆ **知识目标**

1. 熟悉 Linux 文件系统结构。
2. 熟悉 Linux 设备文件命名方式及常用的磁盘管理命令。
3. 熟悉磁盘分区命令。

◆ **技能目标**

1. 具备查看系统磁盘信息的能力。
2. 具备使用挂载命令挂磁盘分区及光盘的能力。
3. 具备使用常用的磁盘分区命令进行分区的能力。

◆ **素养目标**

1. Linux 命令行的学习是一个不断探索和钻研的过程，需树立终身学习理念。
2. 磁盘分区和格式化需要谨慎进行，培养精益求精的学习习惯。

8.1　硬　盘　结　构

8.1.1　硬盘接口和分类

1. 硬盘接口

（1）IDE 接口（Integrated Drive Electronics Interface，电子集成驱动器接口，并行接口），也称作"ATA（Advanced Technology Attachment）硬盘"或"PATA（Parallel Advanced Technology Attachment）硬盘"，是早期机械硬盘的主要接口，ATA133 硬盘的理论传输速度可以达到 133MB/s（此速度为理论平均值）。

（2）SATA 接口（Serial ATA 接口，串行接口），是速度更高的硬盘接口，具备更高的传输速度和更强的纠错能力。目前已更新至 SATA 三代，理论传输速度达到 600MB/s（此速度为理论平均值）。

（3）SCSI 接口（Small Computer System Interface，小型计算机系统接口），广泛应用于服务器，具有应用范围广、带宽大、CPU 占用率低及支持热插拔等优点，理论传输速度达到 320MB/s。

（4）M.2 接口，传输速率远超 SATA 接口，具备更快的数据读写速度。常见的 M.2 接口类型包括 M.2 SATA 和 M.2 PCIe，其中 M.2 PCIe 又可以分为 M.2 PCIe x2 和 M.2 PCIe x4 两种。以 PCIe 4.0 标准为例，M.2 PCIe x4 的理论传输速率可以达到 8000MB/s，是 SATA 接口的 10 倍以上。

注意：因为受接口限制，固态硬盘/机械硬盘的传输速率依旧会受到制约。

2. 硬盘分类

（1）机械硬盘。

机械硬盘（Hard Disk Drive，HDD）即传统普通硬盘，主要由盘片、磁头、盘片转轴及控制电机、磁头控制器、数据转换器、接口、缓存等部分组成。机械硬盘的所有盘片都装在一个旋转轴上，盘片之间是平行的，在每个盘片的存储面上有一个磁头，磁头与盘片之间的距离比头发丝的直径还小，所有的磁头关联在一个磁头控制器上，由磁头控制器控制各个磁头的运动。磁头可沿盘片的半径方向运动，盘片以每分钟几千转的速度高速旋转，磁头就可以定位在盘片的指定位置上进行数据的读、写操作。数据通过磁头由电磁流改变极性的方式被电磁流写到磁盘上，也可以通过相反方式读取。硬盘为精密设备，进入硬盘的空气必须过滤。机械硬盘结构如图 8-1 所示。

图 8-1　机械硬盘结构

（2）固态硬盘。

固态硬盘（Solid State Disk 或 Solid State Drive，SSD）是用固态电子存储芯片阵列制成的硬盘，由控制单元和存储单元（FLASH 芯片、DRAM 芯片）组成。固态硬盘接口的规范、定义、功能及使用方法与机械硬盘完全相同，在产品外形和尺寸上也与机械硬盘一致。相较于 HDD，SSD 在防震抗摔、传输速率、功耗、质量、噪声上有明显优势，SSD 传输速率是 HDD 的 2 倍。相较于 SSD，HDD 在价格、容量、使用寿命上占有绝对优势。硬盘有价，数据无价，目前 SSD 不能完全取代 HDD。固态硬盘结构如图 8-2 所示。

图 8-2　固态硬盘结构

8.1.2　机械硬盘存储相关术语

机械硬盘每个扇区的大小是固定的,为 512 字节。扇区也是磁盘的最小存储单位。0 磁道 0 扇区指的是第一个磁道的第一个扇区,一般是磁盘最开始的位置,一般存放系统启动的正确引导程序。硬盘的转速一般恒定在 7200r/s(133MB/s),转速越快,读写速度越快。但磁盘转速有一定上限,转速太快可能导致磁盘烧毁。磁盘结构如图 8-3 和图 8-4 所示。

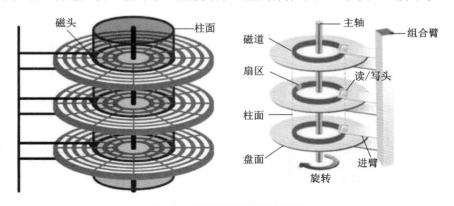

图 8-3　硬盘扇区柱面示意图

硬盘的大小通过磁头数×柱面数×扇区数×每个扇区的大小计算。其中,磁头数表示硬盘总共有几个磁头,也可以理解为硬盘有几个盘面,然后乘 2;柱面数表示硬盘每一面盘片有几条磁道;扇区数表示每条磁道上有几个扇区;每个扇区的大小一般是 512 字节。

图 8-3 中一共有 3 个盘片,那么正反共计 6 个盘面,每个盘面对应 1 个磁头,那么共计 6 个磁头。

1.磁盘存储术语

(1)磁头(head),每个盘面上有一个读写磁头,盘面号即磁头号。所有磁头在磁头臂作用下同时内外移动,即

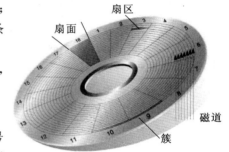

图 8-4　磁盘扇区、磁道示意图

任意时刻,所有磁头所处的磁道号是相同的。(磁头数=盘面数)

(2)磁道(track),每个盘面被划分成许多同心圆,这些同心圆轨迹叫作磁道(属于逻辑上的概念);磁道从外向内从 0 开始编号。(磁道数=柱面数)

(3)扇区(sector),将一个盘面划分为若干内角相同的扇形,这样盘面上的每个磁道就被分为若干段圆弧,每段圆弧叫作一个扇区。每个扇区中的数据作为一个单元同时读出或写入。硬盘的第一个扇区,叫作引导扇区。

(4)柱面(cylinder),所有盘面上的同一磁道构成一个圆柱,称作柱面。柱面数据空间=512×扇区数/磁道×磁头数。CentOS 5 之前版本的 Linux 以柱面的整数倍划分分区,CentOS 6 之后版本可以支持扇区划分分区。

2.主引导记录(Master Boot Record,MBR)

MBR 扇区位于 0 磁道 0 扇区;大小为 512 字节,存储由三部分内容构成:

第 1 部分:前 446 字节存储内容为 boot loader(引导加载程序)。

第 2 部分:接下来 64 字节存储内容为分区表,其中每 16 字节标识一个分区,有如下几种形式的分区结构(p 表示主分区,e 表示扩展分区):

(1)4p :4 个主分区。

(2)3p+e :3 个主分区加 1 个扩展分区。

(3)2p+e :2 个主分区加 1 个扩展分区。

(4)p+e :1 个主分区加 1 个扩展分区。

(5)e:1 个扩展分区。

第 3 部分:最后 2 字节,值为 55AA,为结束标志。

MBR 分区存储结构如图 8-5 所示。

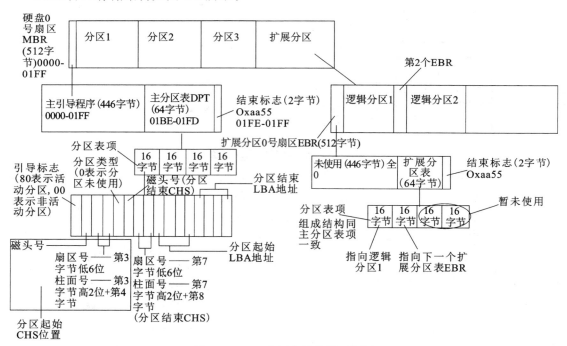

图 9-5　MBR 分区存储结构示意图

硬盘 MBR 由 4 个部分组成：

（1）主引导程序（偏移地址 0000H-0088H），负责从活动分区中装载，并运行系统引导程序。

（2）出错信息数据区，偏移地址 0089H-00E1H 为出错信息，00E2H-01BDH 全为 0 字节。

（3）分区表（Disk Partition Table，DPT）含 4 个分区项，偏移地址 01BEH—01FDH，每个分区表项长 16 个字节，共 64 字节，为分区项 1、分区项 2、分区项 3、分区项 4。

（4）结束标志，偏移地址 01FE—01FF 的 2 个字节值为结束标志 55AA。

3. 存储计量单位

计算机的最小存储单位为字节，从小到大依次有 B、KB、MB、GB、TB 等，以下是它们的换算关系：

1B（字节）＝8bit（位）；

1KB（千字节）＝1024B；

1MB（兆字节）＝1024kB；

1GB（千兆字节）＝1024MB；

1TB（万亿字节）＝1024GB；

1PB（千万亿字节）＝1024TB；

1EB（百亿亿字节）＝1024PB；

1ZB（十万亿亿字节）＝ 1024EB；

1YB（一亿亿亿字节）＝ 1024ZB。

8.1.3　Linux 文件系统

操作系统中负责管理和存储文件信息的软件结构称为文件管理系统，简称文件系统。文件系统是操作系统用于明确存储设备或分区上的文件的方法，即在存储设备上组织文件的方法。

从系统角度来看，文件系统是对文件存储设备的空间进行组织和分配，负责文件存储并对存入的文件进行保护和检索的系统。具体地说，它负责为用户建立文件，存入、修改、读出、转储文件，控制文件的存取、安全控制、日志、压缩、加密等。重要术语如下：

super block（超级块）：记录整个文件系统的信息，包括 block 与 inode 的总量、已经使用的 inode 和 block 的数量、未使用的 inode 和 block 的数量、block 与 inode 的大小、文件系统的挂载时间、最近一次的写入时间、最近一次的磁盘检验时间等。

date block（数据块，也称作 block）：用来实际保存数据。block 的大小（1KB、2KB 或 4KB）和数量在格式化后就已经确定，不能改变，除非重新格式化（就像制作柜子的时候，隔断大小就已经确定，不能更改，除非重新制作柜子）。每个 blcok 只能保存一个文件的数据，要是文件数据小于一个 block，那么这个 block 的剩余空间不能被其他文件使用；要是文件数据大于一个 block，则占用多个 block。Windows 中磁盘碎片整理工具的工作原理就是把一个文件占用的多个 block 尽量整理到一起，这样可以加快读写速度。在 Linux 系统下 block 的默认大小是 4KB。

inode（i 节点，相当于柜门上的标签 ）：用来记录文件的权限（r、w、x）、文件的所有者和属组、文件的大小、文件的状态改变时间(ctime)、文件的最近一次读取时间(atime)、文件的最近一次修改时间(mtime)、文件的数据真正保存的 block 编号。每个文件需要占用 1 个 inode。

8.1.4 Linux 常见文件系统格式

Linux 常见文件系统如表 8-1 所示。

表 8-1 Linux 常见文件系统说明

文件系统	描述
ext	Linux 中最早的文件系统,由于在性能和兼容性上有很多缺陷,现在已经很少使用
ext2	ext 文件系统的升级版本,Red Hat Linux 7.2 版本以前的系统默认都是 ext2 文件系统。于 1993 年发布,支持最大 16TB 的分区和最大 2TB 的文件)
ext3	ext2 文件系统的升级版本,最大的区别就是有日志功能,以便在系统突然停止时提高文件系统的可靠性。支持最大 16TB 的分区和最大 2TB 的文件
ext4	ext3 文件系统的升级版本。在伸缩性和可靠性方面进行了大幅度改进,比如向下兼容 ext3 文件系统、无限数量子目录、Extents 连续数据块概念、多块分配、延迟分配、持久预分配、快速 FSCK、日志校验、无日志模式、在线碎片整理、inode 增强、默认启用 barrier 等。它是 CentOS 6.x 的默认文件系统
xfs	最早针对 IRIX 操作系统开发,是一个高性能的日志型文件系统,能够在断电以及操作系统崩溃的情况下保证文件系统数据的一致性。它是一个 64 位的文件系统,后来进行开源并被移植到 Linux 操作系统中,目前 CentOS 7.x 将 xfs+lvm 作为默认的文件系统。据官方称,xfs 对于大文件的读写性能较好
swap	Linux 中用于交换分区的文件系统(类似于 Windows 中的虚拟内存),当内存不够用时,使用交换分区暂时替代内存。一般大小为内存的 2 倍,但是不超过 2GB。它是 Linux 的必须分区
NFS	网络文件系统(Network File System)的缩写,是用来实现不同主机之间文件共享的一种网络服务,本地主机可以通过挂载的方式使用远程共享的资源
ISO 9660	光盘的标准文件系统。Linux 要想使用光盘,必须支持 ISO 9660 文件系统
fat	Windows 下的 fat16 文件系统,在 Linux 中识别为 fat
vfat	Windows 下的 fat32 文件系统,在 Linux 中识别为 vfat。支持最大 32GB 的分区和最大 4GB 的文件
NTFS	Windows 下的文件系统,不过 Linux 默认不能识别 NTFS 文件系统,如果需要识别,需要添加插件或编译内核添加功能,即使识别 NTFS 也只能是只读,而非读写。它比 fat32 文件系统更加安全、速度更快,支持最大 2TB 的分区和最大 64GB 的文件
ufs	Sun 公司的操作系统 Solaris 和 SunOS 所采用的文件系统
proc	Linux 中基于内存的虚拟文件系统,用来管理内存存储目录/proc
sysfs	该文件系统和 proc 一样,也是基于内存的虚拟文件系统,用来管理内存存储目录/sysfs
tmpfs	一种基于内存的虚拟文件系统,也可以使用 swap 交换分区

8.2　Linux 下硬盘设备文件名

8.2.1　IDE 接口的磁盘文件名

/dev/hd[a-d][1-63]：

/dev/hda1　dev/hda2

/dev/hda 表示第 1 个硬盘。

/dev/hda1 表示第 1 个硬盘上的第 1 个分区设备文件名。

/dev/hda　/dev/hda1　/dev/hda2

8.2.2　SCSI、SATA、M2 等接口的磁盘文件名

/dev/sd[a-p][1-15]：

/dev/sda 表示第 1 个硬盘，/dev/sdb 表示第 2 个硬盘，表示范围为 a 到 p，而分区设备文件名依然是在硬件设备文件名后从整数 1 开始进行标记，如/dev/sda 表示第 1 个硬盘的第 1 个分区文件名。

范例 8-1：/dev/sda 硬盘设备，硬盘分区标识如下。

/dev/sda　字母 a 代表第 1 个硬盘。

/dev/sda1　代表第 1 个硬盘上第 1 个分区。

/dev/sda2　代表第 1 个硬盘上第 2 个分区。

默认情况下，硬盘分区依然和 Windows 系统一样，如果采用 MBR 分区的方式，MBR 中只能记录 4 条记录。

硬盘分区说明：

主分区：主分区的分区信息直接写在 MBR 里，最多有 4 条。

扩展分区：不能直接使用，要创建逻辑分区才能使用，逻辑分区的信息记录在扩展分区的第一个柱面中。

范例 8-2：假定一个硬盘有 5 个分区，其中有 2 个主分区、3 个逻辑分区，那么它的分区编号如下所示。

/dev/sdb

　　　　主分区：　/dev/sdb1　/dev/sdb2

　　　　扩展分区：/dev/sdb3

　　　　　　逻辑分区：　/dev/sdb5　　/dev/sdb6　　/dev/sdb7

分区的设备文件是不可以直接使用的，必须创建文件系统，即 Windows 中常说的格式化，然后挂载到目录树中才能使用。

8.3 索引式文件系统与链接式文件系统

文件系统通常会将索引式文件系统与链接式文件系统的资料分别存放在不同的区块：权限与属性放置到 inode 区块中，实际资料则放置到 data block 区块中。另外，还有一个超级区块（super block）记录整个文件系统的信息，具体如下：

（1）super block：记录此文件系统的整体信息，包括 inode/block 的总量、使用量、剩余量，以及文件系统的格式与相关信息等；

（2）inode：记录文件的属性，一个文件占用一个 inode，同时记录此文件的资料所在的 block 号码；

（3）block：实际记录文件的内容，若文件太大，会占用多个 block 。

由于每个 inode 与 block 都有编号，而每个文件都会占用一个 inode，inode 内有文件资料放置的 block 号码。因此，如果能够找到文件的 inode，就能知道这个文件所放置资料的 block 号码，也就能够读出该文件的实际资料。

索引式文件系统如图 8-6 所示，文件系统先格式化分出 inode 与 block 区块，假设某一个文件的属性与权限资料放置在 inode 4 中，而这个 inode 记录了文件资料的实际放置点为 2、7、13、15 这四个 block，此时文件系统就能据此来排列磁盘的读取顺序，一次性将四个 block 的内容读出来。那么资料的读取就如同图 8-6 中的箭头所指定的路径。

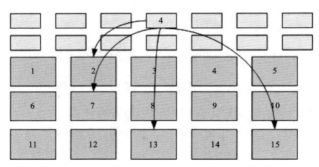

图 8-6 索引式文件系统

链接式文件系统如图 8-7 所示，假设文件的资料依序写入 1→7→4→15 这四个 block，但文件系统没有办法马上知道 4 个 block 的号码，需要一个一个地将 block 读出后，才会知道下一个 block 的位置。如果同一个文件资料写入的 block 过于分散，磁盘完整地读取到这个文件内容的时间会增加。

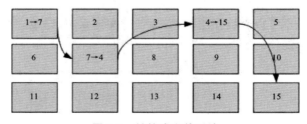

图 8-7 链接式文件系统

8.4 inode 节点

inode 的内容是记录文件的属性以及文件实际资料存放的 block 号码。基本上，inode 记录的文件资料至少有下面这些内容：

(1)该文件的存取模式(read/write/excute)。

(2)该文件的拥有者与用户组(owner/group)。

(3)该文件的容量。

(4)该文件建立或状态改变的时间(ctime)。

(5)最近一次读取的时间(atime)。

(6)最近一次修改的时间(mtime)。

(7)定义文件特性的旗标(flag)，如 SetUID。

(8)该文件真正内容的指向 (pointer)。

inode 的数量与大小在格式化时就已经确定。除此之外，inode 还有以下特点：①每个 inode 大小均固定为 128 字节；②每个文件都仅占用 1 个 inode。因此，Linux 文件系统能够建立的文件数量与 inode 的数量有关；系统读取文件时需要先找到 inode，并分析 inode 所记录的权限与使用者是否符合，若符合才能实际读取 block 的内容。

8.5 挂 载 点

每个分区都有独立的 inode/block/super block 等，这个分区需要连接到目录树才能被使用。将分区与目录树结合的动作称为挂载，用于挂载分区的目录称为挂载点(mound point)。

Linux 中的挂载点一定是目录，该目录为进入该文件系统(真正的已经格式化好的分区)的入口。因此，并不是任何分区都能使用，必须要挂载到目录树的某个目录后，才能够使用分区。

8.6 mount 命令

语法：

mount ［-t 文件系统类型］ 设备文件 挂载点

mount ［-t 文件系统类型］{设备文件名 | UUID＝"string"} 挂载目录

功能：将设备文件挂载到目录树。

说明：现在系统都比较智能，-t 文件系统类型一般都能自动识别，不需要再指定。设备文件可以是光盘、U 盘、硬盘设备文件。

范例 8-3：挂载 rk 8.8 系统 ISO 光盘。

光盘设备文件名/dev/sr0，还有一个链接名称/dev/cdrom，链接名称为常用的设备文件名称。注意:设备文件名称是不能修改的。

一般情况下,光盘设备的挂载目录放在/mnt 中,这也是 FHS 规范中的规定,当然也可以挂载到其他空目录下,但不建议这样做。

将设备文件挂载到目录的操作如下:

(1)将 ISO 文件加载到虚拟机里,并且确保已连接。

(2)挂载。

创建一个挂载的目录/mnt/cdrom:

```
mount  /dev/cdrom  /mnt/cdrom
```

程序执行步骤如下:

```
[root@rk88 ~]#mkdir /mnt/cdrom
[root@rk88 ~]#mount /dev/cdrom /mnt/cdrom
mount: /mnt/cdrom: WARNING: device write-protected, mounted read-only.
[root@rk88 ~]#ls /mnt/cdrom
AppStream  BaseOS  EFI  images  isolinux  LICENSE  media.repo  TRANS.TBL
[root@rk88 ~]#
```

光盘使用结束后,如果不想继续使用,则使用 umount 命令断开挂载。

语法:umount [设备名称|挂载点]

功能:将设备文件与目录树挂载关系断开。

范例 8-4:将上面挂载的光盘设备断开。

操作步骤如下:

```
[root@rk88 ~]#umount /dev/cdrom
[root@rk88 ~]#ls /mnt/cdrom
[root@rk88 ~]#
```

试想如果从互联网上下载了 Linux 或其他所需光盘/DVD 的映象文件,一定要刻录成光盘才能够使用该文件里面的资料吗? 当然不是,可以通过 loop 装置来挂载,类似于 Windows 中的虚拟光驱,这种操作称为回环挂载。

语法:mount -o loop /path/somefile.iso /mnt/destdir

说明:/path/somefile.iso 表示保存在 Linux 硬盘上的光盘 ISO 文件,/mnt/destdir 则表示挂载的目录。

范例 8-5:挂载光盘 Rocky-8.8-x86_64-minimal.iso 映象文件到/mnt/rk88minimaliso 目录。

操作准备:首先将光盘 Rocky-8.8-x86_64-minimal.iso 映象文件通过 xftp 传到虚拟机的/tmp 目录下,然后挂载到/mnt/rk88minimaliso 目录。通过 xftp 上传文件到/tmp 目录。

接下来挂载,程序执行步骤如下:

```
[root@rk88 ~]#mkdir -pv /mnt/rk88minimaliso
mkdir: created directory '/mnt/rk88minimaliso'
[root@rk88 ~]#mount -o loop /tmp/Rocky-8.8-x86_64-minimal.iso /mnt/
rk88minimaliso/
```

```
mount: /mnt/rk88minimaliso: WARNING: device write-protected, mounted read-
only.
[root@rk88 ~]#ls /mnt/rk88minimaliso/
BaseOS  EFI  images  isolinux  LICENSE  media.repo  Minimal  TRANS.TBL
[root@rk88 ~]#
```

　　这样挂载的优点在于,光盘文件在服务器上,使用时相当方便。如果想开机自动实现此功能,可以把此挂命令写入/etc/rc. local 文件的最后一行。操作如下:

```
[root@rk88 ~]#echo "mount -o loop /tmp/Rocky-8.8-x86_64-minimal.iso /mnt/
rk88minimaliso/" >> /etc/rc.local
[root@rk88 ~]#cat /etc/rc.local
#!/bin/bash
#THIS FILE IS ADDED FOR COMPATIBILITY PURPOSES
#
#It is highly advisable to create own systemd services or udev rules
#to run scripts during boot instead of using this file.
#
#In contrast to previous versions due to parallel execution during boot
#this script will NOT be run after all other services.
#
#Please note that you must run 'chmod +x /etc/rc.d/rc.local' to ensure
#that this script will be executed during boot.

touch /var/lock/subsys/local

mount -o loop /tmp/Rocky-8.8-x86_64-minimal.iso /mnt/rk88minimaliso/
[root@rk88 ~]#
```

　　注意: echo "mount -o loop /tmp/Rocky-8. 8-x86_64-minimal. iso /mnt/rk88minimaliso/" >> /etc/rc. local 就是利用重定向把 echo 输出的内容追加到指定文件的最后。

8.7　磁盘管理命令

8.7.1　lsblk 命令

　　语法:lsblk [选项] [设备名称]
　　功能:主要用于管理树状图展示块设备(block devices)的信息,包括磁盘、分区和挂载点等。

基本用法如下：

（1）查看所有设备：直接输入 lsblk 命令，无须任何参数，即可列出所有存储设备。

（2）查看特定设备：通过 lsblk/dev/sda 命令，可查看指定设备（如/dev/sda）的详细信息。

常用选项：

-f：显示文件系统的详细信息，包括类型、标签等，此选项主要作用是可以查看分区的文件系统信息，如果一个硬盘分区设备文件存在，但是没有文件系统信息，则说明此分区没有制作文件系统（即 Windows 中的格式化）。

-t：以树形结构展示设备的层次关系。

-m：显示挂载点的信息。

-o：指定要显示的列和顺序，例如-o NAME,SIZE,TYPE 只显示名称、大小和类型。

-a：显示所有设备，包括空设备。

-p：显示设备的完整路径。

范例 8-6：显示所有块设备信息。

操作如下：

```
[root@rk88 ~]#lsblk
```

显示信息如图 8-8 所示。

```
[root@rk88 ~]#lsblk
NAME        MAJ:MIN RM   SIZE RO TYPE MOUNTPOINT
loop0         7:0    0   2.3G  0 loop /mnt/rk88minimaliso
sda           8:0    0   100G  0 disk
├─sda1        8:1    0     1G  0 part /boot
└─sda2        8:2    0    99G  0 part
  ├─rl-root 253:0    0  65.2G  0 lvm  /
  ├─rl-swap 253:1    0     2G  0 lvm  [SWAP]
  └─rl-home 253:2    0  31.8G  0 lvm  /home
sr0          11:0    1  11.8G  0 rom
[root@rk88 ~]#
```

图 8-8 lsblk 命令查看所有硬盘设备信息

7 个栏目名称如下：

（1）NAME：块设备名。

（2）MAJ:MIN：主要和次要设备号。

（3）RM：即 Removable，字段用于标识设备是否为可移动设备。如果 RM 的值为 1，表示该设备是可移动设备，通常这类设备为 USB 设备；如果 RM 的值为 0，则表示该设备是不可移动设备，即为固定设备。

（4）SIZE：设备的容量大小信息。

（5）RO：设备是否为只读。

（6）TYPE：块设备是否是磁盘或磁盘上的一个分区。

（7）MOUNTPOINT：设备挂载的挂载点。

范例 8-7：利用-f 选项查看设备的文件系统类型和 UUID 信息。

具体的操作如图 8-9 所示。

```
[root@rk88 ~]#lsblk -f
NAME        FSTYPE        LABEL              UUID                                    MOUNTPOINT
loop0       iso9660       Rocky-8-8-x86_64-dvd 2023-05-17-23-36-02-00                /mnt/rk88minimaliso
sda
├─sda1      xfs                              a0971e40-d8e7-40ea-946c-bd6a089b9015    /boot
└─sda2      LVM2_member                      2yirDm-BbL4-oemd-37Ym-1qzB-m460-Cl3rkp
  ├─rl-root xfs                              5d3398d9-e023-4c00-89a9-28b8fb8d84da    /
  ├─rl-swap swap                            085a73cf-9181-4d4c-a12b-c23579fb57a7    [SWAP]
  └─rl-home xfs                              9a741223-0cdc-4263-a2aa-9e4bedd912ef    /home
sr0         iso9660       Rocky-8-8-x86_64-dvd 2023-05-17-23-36-10-00
[root@rk88 ~]#
```

图 8-9   lsblk -f 选项的使用

8.7.2 df 命令

语法:df［选项］［目录］

功能:主要用于输出文件系统磁盘空间的使用情况。df 命令会列出指定的每一个文件名所在的文件系统上可用的磁盘空间。如果没有指定文件名,则显示当前所有使用中的文件系统。默认单位为字节。如果参数是一个包含已使用文件系统的磁盘设备名,df 命令显示该文件系统的可用空间,而非包含设备结点的文件系统(只能是根文件系统)。

常用选项:

-a:显示特殊文件系统,这些文件系统几乎都保存在内存中,如/proc,因为是挂载在内存中,所以占用量都是 0。

-h:使用习惯单位显示内存信息。

-T:显示文件系统类型。

范例 8-8: df 命令直接显示主要文件系统信息。

操作如下:

```
[root@rk88 ~]#df
```

结果如图 8-10 所示:

```
[root@rk88 ~]#df
Filesystem            1K-blocks      Used Available Use% Mounted on
devtmpfs                 962532         0    962532   0% /dev
tmpfs                    992896         0    992896   0% /dev/shm
tmpfs                    992896      9356    983540   1% /run
tmpfs                    992896         0    992896   0% /sys/fs/cgroup
/dev/mapper/rl-root    68292016   9667648  58624368  15% /
/dev/sda1               1038336    244108    794228  24% /boot
/dev/mapper/rl-home    33345632    265816  33079816   1% /home
tmpfs                    198576        12    198564   1% /run/user/42
tmpfs                    198576         0    198576   0% /run/user/0
/dev/loop0              2389932   2389932         0 100% /mnt/rk88minimaliso
[root@rk88 ~]#
```

图 8-10   df 命令查看当前加载的文件系统信息

加上-h 选项,操作如下:

```
[root@rk88 ~]#df -h
```

结果如图 8-11 所示。

显然,加上-h 选项后,数值标识阅读性更好。

```
[root@rk88 ~]#df -h
Filesystem          Size  Used Avail Use% Mounted on
devtmpfs            940M     0  940M   0% /dev
tmpfs               970M     0  970M   0% /dev/shm
tmpfs               970M  9.2M  961M   1% /run
tmpfs               970M     0  970M   0% /sys/fs/cgroup
/dev/mapper/rl-root  66G  9.3G   56G  15% /
/dev/sda1          1014M  239M  776M  24% /boot
/dev/mapper/rl-home  32G  260M   32G   1% /home
tmpfs               194M   12K  194M   1% /run/user/42
tmpfs               194M     0  194M   0% /run/user/0
/dev/loop0          2.3G  2.3G     0 100% /mnt/rk88minimaliso
[root@rk88 ~]#
```

图 8-11　df -h 查看当前加载的文件系统信息

范例 8-9：查看目录/tmp 所在分区的使用空间情况。

操作如下：

```
[root@rk88 ~]#df -h /tmp
```

当把一个资源复制到某个目录中时，要确认这个目录所在的分区是否还有足够的空间。通过上面的例子查看/tmp 目录所在设备文件为/dev/mapper/rl-root，显示还有 66GB 的可用空间。

范例 8-10：查看/etc 所在分区文件系统类型、空间大小和真正挂载入口目录。

操作如下：

```
[root@rk88 ~]#df -hT /etc
Filesystem          Type  Size  Used Avail Use% Mounted on
/dev/mapper/rl-root xfs   66G   9.3G  56G  15% /
```

8.7.3　du 命令

语法：du［选项］［目录或者文件名］

功能：以块为单位统计文件或者目录占用磁盘空间大小情况。

常用选项：

-a：显示每个子文件的磁盘占用量。默认只统计子目录的磁盘占用量。

-h：使用习惯单位显示磁盘占用量，如 KB、MB、GB 等。

-s：统计总占用量，而不列出子目录和子文件的占用量，这个选项非常重要。

说明：用来统计文件夹的大小或者文件大小，指的是占用空间大小，而非文件夹或文件本身的实际字节大小。

范例 8-11：直接查看/boot 目录。

操作如下：

```
[root@rk88 ~]#du -h /boot
0/boot/efi/EFI/rocky
0/boot/efi/EFI
0/boot/efi
3.2M/boot/grub2/i386-pc
2.5M/boot/grub2/fonts
```

```
5.7M/boot/grub2
8.0K/boot/loader/entries
8.0K/boot/loader
199M/boot
```

范例 8-12: 承接范例 8-11,只看/boot 最后这个数据,即 199MB,这时就需要加上-s 选项,而不是遍历此目录下所有子对象。

操作如下:

```
[root@rk88 ~]#du -sh /boot
199M/boot
```

注意:-s 选项,特别是对于目录下子对象过多时非常有必要,比如想知道/etc/目录总占用量,就直接采用 du -sh /etc。

操作如下:

```
[root@rk88 ~]#du -sh /etc
84M/etc
```

如果不加-s 选项,显示的内容就会非常多,有兴趣的读者可以自己试一试。

范例 8-13: 系统安装完成后,查看占用的空间。

操作如下:

```
[root@rk88 ~]#du -sh /*
0/bin
199M/boot
0/data
0/dev
84M/etc
324K/home
0/java
0/lib
0/lib64
0/media
40K/mnt
0/opt
```

以/boot 目录为例进行观察:

```
[root@rk88 ~]#du -sh /boot/*
196K/boot/config-4.18.0-477.10.1.el8_8.x86_64
0/boot/efi
5.7M/boot/grub2
```

```
117M/boot/initramfs-0-rescue-b35d8194e9ea44e792961f6c98862e89.img
52M/boot/initramfs-4.18.0-477.10.1.el8_8.x86_64.img
4.0K/boot/inittab
8.0K/boot/loader
0/boot/symvers-4.18.0-477.10.1.el8_8.x86_64.gz
4.3M/boot/System.map-4.18.0-477.10.1.el8_8.x86_64
11M/boot/vmlinuz-0-rescue-b35d8194e9ea44e792961f6c98862e89
11M/boot/vmlinuz-4.18.0-477.10.1.el8_8.x86_64
[root@rk88 ~]#du -sh /boot/
199M/boot/
```

注意如下区别：

du -sh /boot 和 du -sh /boot/* 的区别：后者比前者多了一个 * 号，这是通配符，用于显示所指向目录的直接子目录或者文件。对于文件，直接显示大小；而对于子目录，则以统计方式显示大小。

du 命令与 df 命令的区别：du 用于统计文件大小，统计的文件大小是准确的；df 命令用于统计空间大小，统计的剩余空间是准确的。

ls 命令统计目录大小是不准确的。ls 命令查看目录的 block 大小。/boot 默认 block 大小是 1kB(CentOS 6)，但在 CentOS 7 之后的系统上，/boot 默认 block 大小是 4KB。

用 df 命令查看分区的大小和用 sh 命令查看目录文件的大小不一样。

当系统是纯净版系统时，可能会看到 du -sh / 和 df -aTh / 查看的根目录空间一致；如果为真实服务器，持续使用的时间越长（长期不重启），就会发现 du -sh / 和 df -aTh / 统计的数值差距越大。df 命令统计的是空间大小，除了文件占用空间，还有临时文件以及删除文件占用的空间，需要重启机器才能释放。

8.7.4　blkid 命令

blkid 命令一般用于查看 UUID 及文件系统类型，挂载硬盘时在/etc/fstab 文件中可以使用 UUID 来标识硬盘设备文件。

8.8　磁盘分区命令 fdisk

语法：fdisk［选项］［设备文件名］

功能：查看设备分区情况以及对设备进行分区管理。

常用选项：-l，查看设备信息及分区情况。

说明：fdisk 命令基于 MBR 来记录分区信息，对分区有大小限制，只能划分小于 2TB 的磁盘。

特别提示：当安装 Linux 系统时，不能单独对应分区的目录如下：

/etc：配置文件目录。

/bin:普通用户可以执行的命令保存目录。

/dev:设备文件保存目录。

/lib:函数库和内核模块保存目录。

/sbin:超级用户才可以执行的命令保存目录。

/root:用于存放系统核心文件。

范例 8-14:fdisk -l/dev/sda 查看系统所有硬盘及分区,结果图 8-12 所示。

```
[root@rk88 ~]#fdisk -l /dev/sda
Disk /dev/sda: 100 GiB, 107374182400 bytes, 209715200 sectors
Units: sectors of 1 * 512 = 512 bytes
Sector size (logical/physical): 512 bytes / 512 bytes
I/O size (minimum/optimal): 512 bytes / 512 bytes
Disklabel type: dos
Disk identifier: 0x64755934

Device    Boot  Start      End    Sectors Size Id Type
/dev/sda1  *     2048  2099199   2097152   1G 83 Linux
/dev/sda2      2099200 209715199 207616000  99G 8e Linux LVM
```

图 8-12　fdisk 命令查看指定设备分区情况

分区的基本步骤如下:

(1)分区。

(2)格式化。

(3)临时挂载。

(4)修改配置文件/etc/fstab 实现开机自动挂载。

范例 8-15:对/dev/sdb 硬盘进行分区操作,创建一个主分区,大小为 5GB,创建扩展分区,大小为 20GB,再创建一个逻辑分区,大小为 5GB。(这个命令分区时是交互模式。)

操作准备:首先在虚拟机关机状态下添加第 2 块 SCSI 接口硬盘,大小为 50GB,然后启动虚拟机。在虚拟机设置中找到硬盘项添加即可,接口选择 SCSI 接口。

重新启动系统,这个时候可以利用 lsblk 命令查看硬盘设备信息,如图 8-13 所示,已经可以看到有 sdb 设备,但没有分区信息。

```
[root@rk88 ~]#lsblk
NAME         MAJ:MIN RM  SIZE RO TYPE MOUNTPOINT
sda            8:0    0  100G  0 disk
├─sda1         8:1    0    1G  0 part /boot
└─sda2         8:2    0   99G  0 part
  ├─rl-root  253:0    0 65.2G  0 lvm  /
  ├─rl-swap  253:1    0    8G  0 lvm  [SWAP]
  └─rl-home  253:2    0 31.8G  0 lvm  /home
sdb            8:16   0   50G  0 disk
sr0           11:0    1 11.8G  0 rom
[root@rk88 ~]#
```

图 8-13　查看硬盘信息

8.8.1　创建分区

在命令提示符后输入 fdisk /dev/sdb,进入分区交互模式,输入交互命令后按回车键执行,如图 8-14 所示。

注意:此交互命令中,如果输错了想删除,需要按 Ctrl+退格键。如果是 Red Hat Linux 8 之前版本,可能出现的交互命令略有不同,但交互的主要命令功能是相同的。

菜单信息主要交互命令说明:

```
[root@rk88 ~]#fdisk /dev/sdb

Welcome to fdisk (util-linux 2.32.1).
Changes will remain in memory only, until you decide to write them.
Be careful before using the write command.

Device does not contain a recognized partition table.
Created a new DOS disklabel with disk identifier 0x52ea2a29.

Command (m for help): m

Help:

  DOS (MBR)
   a   toggle a bootable flag
   b   edit nested BSD disklabel
   c   toggle the dos compatibility flag

  Generic
   d   delete a partition
   F   list free unpartitioned space
   l   list known partition types
   n   add a new partition
   p   print the partition table
   t   change a partition type
   v   verify the partition table
   i   print information about a partition

  Misc
   m   print this menu
   u   change display/entry units
```

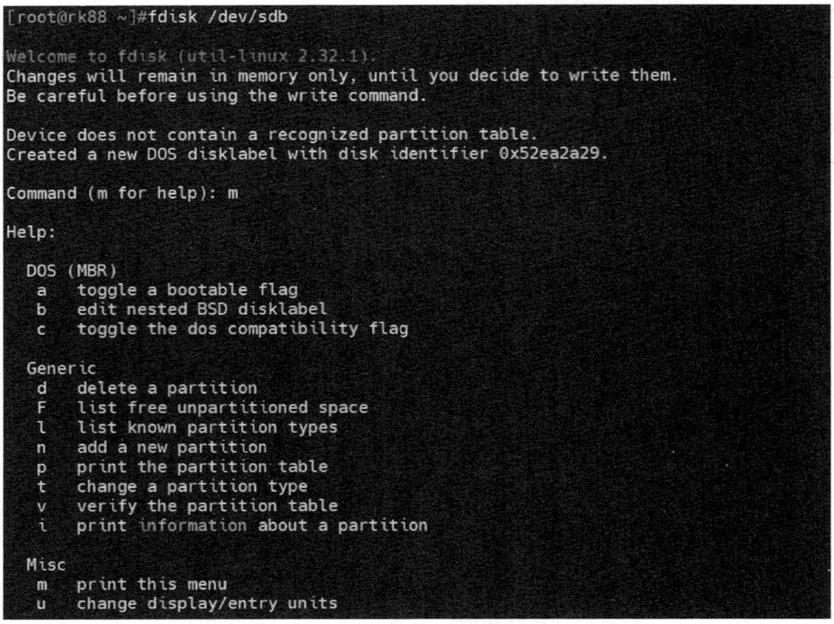

图 8-14　分区交互模式

m:显示菜单和帮助信息。

a:活动分区标记/引导分区。

d:删除硬盘分区。

l:显示分区类型。

n:新建分区。

p:查看硬盘分区表信息。

q:不保存退出。

t:设置分区号。

v:进行分区检查。

w:保存修改并退出。

下面创建一个新的分区。

```
Command (m for help): n   #n 表示创建新分区,然后会出现分区类型选择
Partition type
    p   primary (0 primary, 0 extended, 4 free)
    e   extended (container for logical partitions)
Select (default p): p   #这个地方直接输入 p 后按回车键
Partition number (1-4, default 1): 1   #此步骤其实就是在 MBR 的分区表中的 4 条
记录存放在第几条,默认按自动增加,所以此处可以输入 1 后按回车键,也可以直接按回
车键
First sector (2048-104857599, default 2048):   #表示分区的开始扇区编号,默认
分区时按照顺序进行分配,所以此处直接按回车键即可
```

Last sector, + sectors or + size {K, M, G, T, P} (2048 - 104857599, default 104857599): +5G　#这个地方表示要分区的大小,如果使用扇区还要进行计算,可以直接采用另外一种输入方法,就是"+数字单位",如创建分区大小为 5GB, 则直接输入"+5G", "+"和"G"一定不能少,中间不能有空格,输入完成后回车

Created a new partition 1 of type 'Linux' and of size 5 GiB

Command (m for help): p　#输入 p 表示显示已经分区的信息
Disk /dev/sdb: 50 GiB, 53687091200 bytes, 104857600 sectors
Units: sectors of 1 * 512 = 512 bytes
Sector size (logical/physical): 512 bytes / 512 bytes
I/O size (minimum/optimal): 512 bytes / 512 bytes
Disklabel type: dos
Disk identifier: 0x52ea2a29

Device   Boot Start   End   Sectors Size Id Type
/dev/sdb1   2048 10487807 10485760   5G 83 Linux

　　以上步骤只是完成了一个分区操作,扩展分区和逻辑分区操作和上述步骤类似,此处不逐一解释。
　　创建扩展分区如下:

Command (m for help): n
Partition type
   p   primary (1 primary, 0 extended, 3 free)
   e   extended (container for logical partitions)
Select (default p): e
Partition number (2-4, default 2):
First sector (10487808-104857599, default 10487808):
Last sector, + sectors or + size {K, M, G, T, P} (10487808 - 104857599, default 104857599): +20G

Created a new partition 2 of type 'Extended' and of size 20 GiB.

　　创建逻辑分区如下:

Command (m for help): n
Partition type
   p   primary (1 primary, 1 extended, 2 free)
   l   logical (numbered from 5)
Select (default p): l

```
Adding logical partition 5
First sector (10489856-52430847, default 10489856):
Last sector, + sectors or + size{K, M, G, T, P} (10489856-52430847, default
52430847): +5G

Created a new partition 5 of type 'Linux' and of size 5 GiB.

Command (m for help): w  #最后一定要记得输入 w 命令写入分区表然后退出
The partition table has been altered.
Calling ioctl() to re-read partition table.
Syncing disks.
```

至此分区创建完成。

利用 lsblk 命令查看确认,结果如下:

```
[root@rk88 ~]#lsblk -f -p /dev/sdb
NAME            FSTYPE LABEL UUID MOUNTPOINT
/dev/sdb
├─/dev/sdb1
├─/dev/sdb2
└─/dev/sdb5
```

上面显示的信息中,只能看到分区已经出现,但是看不到文件系统,说明没有被格式化。

8.8.2　格式化(创建文件系统)

通过 mkfs 命令创建指定的文件系统。

语法:mkfs -t [文件系统类型] [设备分区文件名]

接下来对上面创建的其中两个分区创建 ext4 文件系统:

```
[root@rk88 ~]#mkfs -t ext4 /dev/sdb1
[root@rk88 ~]#mkfs -t ext4 /dev/sdb5
[root@rk88 ~]#lsblk -f -p /dev/sdb
```

结果如图 8-15 所示,文件系统已经是 ext4,但挂载点是空的,所以此时这两个设备分区依然不能直接使用。

```
[root@rk88 ~]#lsblk -f -p /dev/sdb
NAME            FSTYPE LABEL UUID                                    MOUNTPOINT
/dev/sdb
├─/dev/sdb1     ext4            5125b2be-27c8-46f3-b0cf-cae45c489927
├─/dev/sdb2
└─/dev/sdb5     ext4            b92d63ec-60d7-4ccd-be44-2bfe83ee66dc
[root@rk88 ~]#
```

图 8-15　查看格式化后分区挂点信息情况

8.8.3　mount 命令实现临时挂载

利用 mount 命令来操作临时挂载，下次开机还要重新手动操作一次。下面把两个分区分别挂载在/mnt/sdb1 和/mnt/sdb5 目录下。

操作如下：

```
[root@rk88 ~]#mkdir -pv /mnt/sdb1
mkdir: created directory '/mnt/sdb1'
[root@rk88 ~]#mkdir -pv /mnt/sdb5
mkdir: created directory '/mnt/sdb5'
[root@rk88 ~]#mount /dev/sdb1 /mnt/sdb1
[root@rk88 ~]#mount /dev/sdb5 /mnt/sdb5
```

挂载后的结果如图 8-16 所示。

```
[root@rk88 ~]#lsblk  /dev/sdb
NAME    MAJ:MIN RM SIZE RO TYPE MOUNTPOINT
sdb       8:16   0  50G  0 disk
├─sdb1    8:17   0   5G  0 part /mnt/sdb1
├─sdb2    8:18   0   1K  0 part
└─sdb5    8:21   0   5G  0 part /mnt/sdb5
[root@rk88 ~]#
```

图 8-16　设备分区挂载后的信息

到此，以上两个设备分区就已经可以直接使用了。

8.8.4　修改挂载硬盘设备开机加载的配置文件

硬盘设备开机加载的配置文件为/etc/fstab，文件内容如图 8-17 所示。

```
[root@rk88 ~]#cat /etc/fstab

#
# /etc/fstab
# Created by anaconda on Thu Jun 13 10:42:51 2024
#
# Accessible filesystems, by reference, are maintained under '/dev/disk/'.
# See man pages fstab(5), findfs(8), mount(8) and/or blkid(8) for more info.
#
# After editing this file, run 'systemctl daemon-reload' to update systemd
# units generated from this file.
#
/dev/mapper/rl-root     /                       xfs     defaults        0 0
UUID=a0971e40-d8e7-40ea-946c-bd6a089b9015 /boot                xfs     defaults        0 0
/dev/mapper/rl-home     /home                   xfs     defaults        0 0
/dev/mapper/rl-swap     none                    swap    defaults        0 0
[root@rk88 ~]#
```

图 8-17　/etc/fstab 内容

具体内容如下：

第 1 项：设备标识，可以有三种，UUID、设备分区文件名称、label 名称。

第 2 项：挂载目录。

第 3 项：文件系统类型。

第 4 项：默认设置即可。

第 5 项：有关是否需要被 dump 备份，0 为不要备份，1 为要备份。

第 6 项：开机时是否以 sync 检验硬盘，是否以 fsck 检验扇区。开机过程中，系统会默认以 fsck 检验文件系统是否完整。该字段为 0 表示不要检验，1 表示最早检验，2 表示要检验（但比 1 更晚被检验）。

把刚才的两个分区添加到最后，利用 vim 进行编辑添加，添加完成后的内容如图 8-18 所示。

```
[root@rk88 ~]#cat /etc/fstab
#
# /etc/fstab
# Created by anaconda on Thu Jun 13 10:42:51 2024
#
# Accessible filesystems, by reference, are maintained under '/dev/disk/'.
# See man pages fstab(5), findfs(8), mount(8) and/or blkid(8) for more info.
#
# After editing this file, run 'systemctl daemon-reload' to update systemd
# units generated from this file.
#
/dev/mapper/rl-root     /                       xfs     defaults        0 0
UUID=a0971e40-d8e7-40ea-946c-bd6a089b9015 /boot           xfs     defaults        0 0
/dev/mapper/rl-home     /home                   xfs     defaults        0 0
/dev/mapper/rl-swap     none                    swap    defaults        0 0
/dev/sdb1               /mnt/sdb1               ext4    defaults        0 0
/dev/sdb5               /mnt/sdb5               ext4    defaults        0 0
[root@rk88 ~]#
```

图 8-18 在/etc/fstab 中添加最后两行信息

8.9 大硬盘分区简介

当硬盘容量超过 2TB 时，就不能使用 fdisk 命令进行分区了，需要使用 gdisk、parted 等命令来分区。这两个命令的分区操作本书不做进一步介绍。

采用上面两个命令分区时，分区表不再是基于 MBR，而是基于 GPT（GUID Partition Table，全局唯一标识分区表）。GPT fdisk（由 gdisk、cgdisk、sgdisk、fixparts 程序组成）是一组用于 Linux、FreeBSD、MacOS X 和 Windows 的文本模式分区工具。gdisk、cgdisk 和 sgdisk 程序在 GPT 磁盘上工作，而不是在旧的（也是最常见的）MBR 分区表上工作。

GPT 磁盘分区结构由多个部分组成，其中包括保护性 MBR、GPT 头、GPT 分区表等。GPT 分区表，位于硬盘的 2 号扇区到 33 号扇区，共占用 32 个扇区。这 32 个扇区能够容纳 128 个分区表项，每个分区表项的大小为 128 字节。这种结构使得 Windows 系统允许 GPT 磁盘创建最多 128 个分区。每个分区表项记录着分区的起始地址、结束地址、分区类型的 GUID、分区名字、分区属性等信息。

此外，GPT 头位于 GPT 磁盘的 1 号扇区，即第 2 个扇区，该扇区在创建 GPT 磁盘时生成。GPT 头定义了分区表的起始位置、分区表的结束位置、每个分区表项的大小、分区表项的个数及分区表的校验总和等信息。GPT 头的备份则放在硬盘的最后一个扇区，与 GPT 头结构一样，但其中的一部分参数不同。这种设计确保了在某些情况下 GPT 头受损，也可以通过备份恢复，保持数据的完整性和可访问性。

8.10　上机实践

1. 基础实验

(1)利用 fdisk -l 和 lsblk 命令查看当前系统中的硬盘分区情况。

(2)利用 du 命令统计当前系统已经使用的硬盘空间。

(3)统计根目录下的各个一级目录的大小。

(4)利用 df 命令查看/tmp 目录所在硬盘分区的剩余可用空间。

(5)利用 mount 命令挂载系统光盘(选做)。

2. 分区实验

在虚拟机关机状态下添加 1 块硬盘,选择 SCSI 接口类型,默认大小,再启动虚拟机。

(1)创建一个主分区,大小为 2GB。

(2)格式化为 ext4 文件系统。

(3)在/mnt 下创建挂载目录,挂目录名称/mnt/sdb1。

(4)修改/etc/fstab,实现对/dev/sdb1 的开机自动挂载。

任务 9　软件包安装与管理

◆ 任务描述

本任务主要介绍软件包管理基础概念、软件包命名规则,使用 rpm 命令进行软件安装、卸载、升级等操作,使用前端包管理工具 yum 进行软件安装、卸载、升级等。

◆ 知识目标

1. 了解 Linux 软件包分类。

2. 熟悉 RPM 包的概念。

3. 熟悉前端包管理工具的原理。

4. 熟悉前端包管理工具的使用。

◆ 技能目标

1. 具备使用 rpm 命令进行软件管理的能力。

2. 具备使用前端包管理工具 yum 安装源配置文件的能力。

3. 具备使用 yum(dnf)进行软件包管理的能力。

◆ 素养目标

1. 注重软件包管理的技术细节,确保系统的稳定性和安全性,强化责任意识和专业精神。

2. 鼓励探索不同软件包的管理工具和技术,学习先进的设计理念,培养创新思维。

9.1　软件包分类

Linux 操作系统的软件包众多,且几乎都是经 GPL(General Public License,通用性公开许可证)授权、免费开源(无偿公开源代码)的。这意味着只要具备修改软件源代码的能力,就可以随意修改。GPL 是一个保护软件自由的协议,经 GPL 协议授权的软件必须开源。

Linux 下的软件包可细分为两种,分别是源码包(C 源代码)和二进制包(编译好可以直接安装的软件包)。

9.1.1　源码包

实际上,源码包就是大量源代码程序,是由程序员按照特定的格式和语法编写出来的。众所周知,计算机只能识别机器语言,也就是二进制语言,所以源码包的安装需要一名"翻译官"

将"abcd"翻译成二进制语言,这名"翻译官"通常被称为编译器。另外,由于源码包的安装需要把源代码编译为二进制代码,因此安装时间较长。

9.1.2 二进制包

二进制包,也就是源码包经过成功编译之后产生的软件包。由于二进制包在发布之前就已经完成了编译的工作,因此用户安装软件的速度较快(与 Windows 系统下安装软件速度相当),且安装过程报错率大幅降低。二进制包是 Linux 下默认的软件安装包,安装系统光盘使用的也是二进制包,因此二进制包又被称为默认安装软件包。目前主要有以下两大主流的二进制包管理系统:

(1)RPM 包管理系统:红帽包管理器(Red Hat Package Manager),功能强大,因此,很多 Linux 发行版都默认使用此机制作为软件安装的管理方式,例如 Fedora、CentOS、SUSE 等。

(2)DPKG 包管理系统:由 Debian Linux 开发的包管理机制,通过 DPKG 包,Debian Linux 就可以进行软件包管理,主要应用在 Debian 和 Ubuntu 中。

RPM 包管理系统和 DPKG 包管理系统的原理和形式大同小异,可以触类旁通。

9.1.3 源码包与二进制包的比较

源码包一般包含多个文件,为了方便发布,通常会将源码包进行打包压缩处理,Linux 中最常用的打包压缩格式为"tar.gz",因此源码包又被称为 Tarball。

Tarball 也是 Linux 系统的一款打包工具,可以对源码包进行打包压缩处理,习惯上将最终得到的打包压缩文件称为 Tarball 文件。

源码包中通常包含以下内容:

①源代码文件。

②配置和检测程序(如 configure 或 config 等)。

③软件安装说明和软件说明(如 INSTALL 或 README)。

使用源码包安装软件具有以下优点:

①开源。可以修改源代码。

②可以自由选择所需的功能。

③软件是编译安装,可以调试为更加适合自己的系统,更加稳定,效率也更高。

④卸载方便。

使用源码包安装软件也有几点不足:

①安装过程烦琐,尤其是在安装较大的软件集合时(如 LAMP 环境搭建),容易出现拼写错误。

②编译时间较长,所以安装时间长于二进制包。

③软件是编译安装的,在安装过程中一旦报错,新手很难解决。

相比源码包,二进制包是在软件发布时已经进行过编译的软件包,所以安装速度比源码包快得多。正因为已经进行编译,常人无法看到软件的源代码。使用 RMP 包安装软件具有以下 2 个优点:

①软件包管理系统简单,通过几个命令就可以实现软件包的安装、升级、查询和卸载。

②安装速度比源码包快得多。

与此同时,使用 RMP 包安装软件有如下不足:

①经过编译,不能看到源代码。

②功能选择不如源码包灵活。

③依赖性。有时会发现,安装软件包 a 时需要先安装软件包 b 和 c,而在安装软件包 b 时需要先安装软件包 d 和 e。这就需要先安装 d 和 e,再安装 b 和 c,最后才能安装 a。

9.2 RPM 软件管理

9.2.1 RPM 包统一命名规则

拆包:主包和支包。

主包:name-VERSION-release. arch. rpm

支包:name-function-VERSION-release. arch. rpm

功能:devel、utils、libs 等。

RPM 包需遵守统一的命名规则,用户通过名称就可以直接获取这类包的版本、适用平台等信息。

RPM 包命名的一般格式:包名-版本号-发布次数. 发行商. Linux 平台. 适合的硬件平台-包扩展名。比如:httpd-2.2.15-15. el6. centos. 1. i686. rpm。

其中:

(1)httpd:软件包名,表示这是 Apache HTTP 服务器的软件包。

(2)2.2.15:软件版本,表示这是 httpd 的 2.2.15 版本。

(3)15:软件发布的次数,表示这是该版本的第 15 次发布。

(4)el6. centos:适合的 Linux 平台,表示这个 RPM 包适用于基于 Red Hat Enterprise Linux (RHEL) 6. x 的 CentOS 系统。

(5)1:表示这是针对该平台和版本的特定构建或发布的序号,通常用于区分同一版本软件的不同发布或修复。

(6)i686:适合的硬件平台,表示这个包是为 i686 架构(即 32 位 x86 架构)的系统准备的。

目前的 RPM 包支持的硬件平台如表 9-1 所示。

表 9-1　RPM 包适用的硬件平台

平台名称	适用平台信息
i386	386 CPU 以上的计算机都可以安装
i586	686 CPU 以上的计算机都可以安装
i686	奔腾Ⅱ以上的计算机都可以安装
x86_64	64 位 CPU 可以安装
noarch	没有硬件限制

(7)rpm:包扩展名,表明这是一个 RPM 格式的软件包。

9.2.2 RPM 包默认安装路径

通常情况下,RPM 包采用系统默认的安装路径,所有安装文件会按照类别分别安装到表 9-2 所示的路径中。

表 9-2 RPM 包默认安装路径

安装路径	含义
/etc/	配置文件安装目录
/usr/bin/	可执行的命令安装目录
/usr/lib/	程序所使用的函数库保存位置
/usr/share/doc/	基本的软件使用手册保存位置
/usr/share/man/	帮助文件保存位置

RPM 包的默认安装路径是可以通过命令查询的。

除此之外,RPM 包也支持手动指定安装路径,但此方式并不推荐。因为一旦手动指定安装路径,所有的安装文件会集中安装到指定位置,且系统中用来查询安装路径的命令也无法使用(需要进行手工配置才能被系统识别)。

9.2.3 RPM 包的安装

安装 RPM 包的命令格式为:

[root@rk88 ~]#rpm -ivh /path/包全名

注意:一定要用包全名。涉及包全名的命令一定要注意路径,在指定的路径中一定要可以找到这个软件包,不管是在本地还是服务器,还是光盘中,因此需提前做好设备的挂载工作。

常用选项:

-i:安装(install)时必选,表示安装。

-v:显示更详细的信息(verbose)。

-h:打印♯,显示安装进度(hash)。

范例 9-1:使用此命令安装 tree 命令软件包,如下所示。

```
[root@rk88 t]# rpm - ivh /mnt/cd/BaseOS/Packages/t/tree-1.7.0-15.el8.x86_
64.rpm
Verifying...            # # # # # # # # # # # # # # # # # # # [100%]
Preparing...            # # # # # # # # # # # # # # # # # # # [100%]
Updating / installing...
  1:tree-1.7.0-15.el8    # # # # # # # # # # # # # # # # # # # [100%]
```

注意:直到出现三个 100% 才是真正的安装成功。

范例 9-2:使用此命令安装 httpd 软件包,如下所示。

```
[root@rk88 h]#rpm -ivh
/mnt/cd/AppStream/Packages/h/httpd-2.4.37-56.module+el8.8.0+1284+
07ef499e.6.x86_64.rpm
error: Failed dependencies:
  httpd-filesystem is needed by httpd-2.4.37-56.module+ el8.8.0+1284+
07ef499e.6.x86_64
  httpd-filesystem =2.4.37-56.module+el8.8.0+1284+07ef499e.6 is needed by
httpd-2.4.37-56.module+el8.8.0+1284+07ef499e.6.x86_64
  httpd-tools =2.4.37-56.module+el8.8.0+1284+07ef499e.6 is needed by httpd
-2.4.37-56.module+el8.8.0+1284+07ef499e.6.x86_64
  libapr-1.so.0()(64bit) is needed by httpd-2.4.37-56.module+el8.8.0+1284
+07ef499e.6.x86_64
  libaprutil-1.so.0()(64bit) is needed by httpd-2.4.37-56.module+el8.8.0+
1284+07ef499e.6.x86_64
  mod_http2 > =1.15.7-5 is needed by httpd-2.4.37-56.module+el8.8.0+1284+
07ef499e.6.x86_64
  system-logos(httpd-logo-ng) is needed by httpd-2.4.37-56.module+el8.8.0
+1284+07ef499e.6.x86_64
```

此时就体现了软件包依赖性，虽然可以加选项强行安装，实验环境中可以利用选项-nodeps 进行，但实际应用中绝对不能使用这个选项来安装应用软件，否则可能会出现意想不到的情况。

实际应用中解决软件依赖性的办法：

（1）生产环境中一般使用 yum 或者 dnf 进行安装，自动解决依赖性，这是最主要的解决方式。

（2）使用 rpm 安装方式对依赖性软件包进行逐一安装，但可能出现反复安装的情况，不建议使用。此命令还可以一次性安装多个软件包，仅需将包全名用空格分开即可，如下所示：

```
[root@ rk88 t]#rpm -ivh /path/a.rpm   /path/b.rpm   /path/c.rpm
```

如果还有其他安装要求（比如强制安装某软件而不管其是否有依赖性），可以通过以下选项进行调整：

-nodeps：不检测依赖性安装。一般地，软件安装时会检测依赖性，确定所需的底层软件是否安装，如果没有安装则会报错。如果不检测依赖性，直接强制安装，则可以使用这个选项。注意，不检测依赖性安装的软件基本是不能使用的，所以不建议这样做。

-replacefiles：替换文件安装。如果要安装的软件包中部分文件已经存在，那么在正常安装时系统会报错，提示"某个文件已经存在"，从而导致软件无法安装。使用这个选项可以忽略这个报错覆盖安装。

-replacepkgs：替换软件包安装。如果软件包已经安装，那么此选项可以让软件包重复安装一遍。

-force：强制安装。不管是否已经安装，都会重新安装。也就是-replacefiles 和-replacepkgs 的综合选项。

-test：测试安装。不实际安装，只是检测一下依赖性。

-prefix：指定安装路径。为安装软件包指定安装路径，而不使用默认安装路径。

9.2.4　RPM 包的升级

使用如下命令即可实现 RPM 包的升级：

```
[root@rk88 ~]#rpm -Uvh 包全名
```

常用选项：

-U：如果该软件没有安装，则直接安装；若已安装，则升级至最新版本。

-v：显示更详细的信息，verbose 的首字母。

-h：打印 ♯，显示安装进度，hash 的首字母。

```
[root@rk88 ~]#rpm -Fvh 包全名
```

常用选项：

-F：如果该软件没有安装，则不会安装。必须先安装有较低版本才能升级。

-v：显示更详细的信息，verbose 的首字母。

-h：打印 ♯，显示安装进度，hash 的首字母。

9.2.5　RPM 包的卸载

RPM 包的卸载很简单，使用如下命令：

[root@rk88 ~]♯rpm -e 包名

-e：卸载，erase 的首字母。

RPM 包的卸载要考虑软件包之间的依赖性。例如，先安装 httpd 软件包，后安装 httpd 的功能模块 mod_ssl 包，那么在卸载时，必须先卸载 mod_ssl，后卸载 httpd，否则系统会报错。卸载软件包的原理和拆除大楼是一样的，先盖的 2 楼，后盖的 3 楼，那么拆除时一定要先拆除 3 楼。

如果卸载 RPM 包时不考虑软件包依赖性，执行卸载命令会出现软件包的依赖性错误。

范例 9-3：卸载 httpd。

操作如下：

```
[root@rk88 ~]#rpm -e httpd
error: Failed dependencies:
httpd-mmn =20051115 is needed by (installed) mod_wsgi-3.2-1.el6.i686
httpd-mmn =20051115 is needed by (installed) php-5.3.3-3.el6_2.8.i686
httpd-mmn =20051115 is needed by (installed) mod_ssl-1:2.2.15-15.el6.
centos.1.i686
httpd-mmn =20051115 is needed by (installed) mod_perl-2.0.4-10.el6.i686
httpd =2.2.15-15.el6.centos.1 is needed by (installed) httpd-manual-2.2.
15-15.el6.centos.1 .noarch
```

```
httpd is needed by (installed) webalizer-2.21_02-3.3.el6.i686
httpd is needed by (installed) mod_ssl-1:2.2.15-15.el6.centos.1.i686
httpd=0:2.2.15-15.el6.centos.1 is needed by(installed)mod_ssl-1:2.2.15-15.
el6.centos.1.i686
```

RPM 包的卸载命令支持使用强行卸载选项,即可以不检测依赖性直接卸载,但此方式不推荐使用,因为此操作很可能导致其他软件也无法正常使用。

9.3　rpm 命令查询

rpm 命令还可用来查询 RPM 软件包,这是此命令使用的重点,具体包括如下常用功能:
(1)查询软件包是否已安装;
(2)查询系统中所有已安装的软件包;
(3)查询软件包的详细信息;
(4)查询软件包的文件列表;
(5)查询某系统文件具体所属 RPM 包。
rpm 查询命令的格式如下:
[root@rk88 ~]♯rpm [-选项] 软件名称
注意:软件名称即包名,不需要使用全名。

9.3.1　rpm -q 命令

功能:查询软件包是否已安装。
用 rpm 查询软件包是否已安装的命令格式:
[root@rk88 ~]♯rpm -q 包名
-q:查询,query 的首字母。
范例 9-4:查看 Linux 系统中是否安装 httpd,rpm 查询命令应写成:

```
[root@rk88 t]#rpm -q httpd
httpd-2.4.37-56.module+el8.8.0+1284+07ef499e.6.x86_64
```

注意:这里使用的是包名,而不是包全名。因为已安装的软件包只需给出包名,系统就可以成功识别(使用包全名反而无法识别)。

9.3.2　rpm -qa 命令

功能:查询系统中所有已安装的软件包。
使用 rpm 查询 Linux 系统中所有已安装软件包的命令为:

```
[root@rk88 t]#rpm -qa | more
xdg-utils-1.1.2-5.el8.noarch
```

```
libnftnl-1.1.5-5.el8.x86_64
perl-threads-2.21-2.el8.x86_64
gettext-0.19.8.1-17.el8.x86_64
cyrus-sasl-plain-2.1.27-6.el8_5.x86_64
gnu-free-fonts-common-20120503-18.el8.noarch
container-selinux-2.205.0-2.module+ el8.8.0+ 1265+ fa25dd7a.noarch
··························内容过多,后面省略···························
```

此外,这里还可以使用管道符查找出需要的内容,比如:

```
[root@rk88 t]#rpm -qa | grep httpd
httpd-filesystem-2.4.37-65.module+el8.10.0+1842+4a9649e8.2.noarch
httpd-tools-2.4.37-65.module+el8.10.0+1842+4a9649e8.2.x86_64
httpd-2.4.37-65.module+el8.10.0+1842+4a9649e8.2.x86_64
rocky-logos-httpd-86.3-1.el8.noarch
```

相比 rpm -q 命令,采用这种方式可以找到含有包名的所有软件包。

9.3.3　rpm -qi 命令

功能:查询软件包的详细信息。

通过 rpm 命令可以查询软件包的详细信息,命令格式如下:

[root@rk88 ～]#rpm -qi 包名

-i:查询软件信息,information 的首字母。

范例 9-5:查看 apache 包的详细信息,可以使用如下命令:

```
[root@rk88 t]#rpm -qi httpd
Name        : httpd
Version     : 2.4.37
Release     : 65.module+el8.10.0+1842+4a9649e8.2
Architecture: x86_64
Install Date: Thu 22 Aug 2024 06:53:07 PM CST
··························内容过多,后面省略···························
```

除此之外,还可以查询未安装软件包的详细信息,命令格式为:

[root@rk88 ～]#rpm -qi -p 包全名

-p:查询未安装的软件包,package 的首字母。

注意:这里用的是包全名,且未安装的软件包需使用"绝对路径+包全名"的方式才能确定。

9.3.4　rpm -ql 命令

功能:查询软件包安装到系统中的所有文件列表。

RPM 软件包通常采用默认路径安装,各安装文件分类安装在适当的目录文件下。使用

rpm 命令可以查询到已安装软件包中包含的所有文件及各自的安装路径,命令格式为:

[root@rk88 ~]#rpm -ql 包名

-l:列出软件包所有文件的安装目录。

范例 9-6:查看 httpd 软件包中所有文件以及各自的安装位置。

操作如下:

```
[root@rk88 ~]#rpm -ql httpd
/etc/httpd
/etc/httpd/conf
/etc/httpd/conf.d
/etc/httpd/conf.d/README
/etc/httpd/conf.d/welcome.conf
/etc/httpd/conf/httpd.conf
/etc/httpd/conf/magic
..............................内容过多,后面省略..............................
```

同时,rpm 命令还可以查询未安装软件包中包含的所有文件以及打算安装的路径,命令格式如下:

[root@rk88 ~]#rpm -qlp 包全名

-p:查询未安装的软件包信息,package 的首字母。

注意:由于软件包还未安装,因此需要使用"绝对路径＋包全名"的方式才能确定。

范例 9-7:查看 bind 软件包(未安装,绝对路径为/mnt/cdrom/Packages/bind-9.8.2-0.10.rc1.el6.i686.rpm)中的所有文件及各自打算安装的位置,可以执行如下命令:

```
[root@rk88 ~]# rpm - qlp /mnt/cdrom/Packages/bind- 9.8.2- 0.10.rc1.el6.
i686.rpm
/etc/NetworkManager/dispatcher.d/13-named
/etc/logrotate.d/named
/etc/named
..............................内容过多,后面省略..............................
```

9.3.5   rpm -qf 命令

功能:查询系统中文件所属的 RPM 包。

rpm 还支持反向查询,rpm -qf 命令是通过软件包查询所含文件的安装路径,即查询某系统文件所属的 RPM 软件包。其命令格式如下:

[root@rk88 ~]#rpm -q -f 系统文件名

-f :查询系统文件所属的软件包,file 的首字母。

注意:只有使用 RPM 包安装的文件才能使用该命令,手动方式建立的文件无法使用。

范例 9-8:查询 ls 命令所属的软件包,可以执行如下命令:

```
[root@rk88 ~]#rpm -qf /bin/ls
coreutils-8.4-19.el6.i686
```

9.3.6　rpm -qR 命令

功能:查询软件包的依赖性。

使用 rpm 命令安装软件包,需考虑与其他软件包的依赖性。rpm -qR 命令可以用来查询某个已安装软件包依赖的其他包,该命令的格式为:

[root@rk88 ~]♯rpm -qR 包名

-R:查询软件包的依赖性,requires 的首字母。

范例 9-9:查询 httpd 软件包的依赖性,可执行以下命令。

```
[root@rk88 ~]#rpm -qR httpd
/bin/bash
/bin/sh
/etc/mime.types
/usr/sbin/useradd
apr-util-ldap
chkconfig
config(httpd) =2.2.15-15.el6.centos.1
httpd-tods =2.2.15-15.el6.centos.1
initscripts > =8.36
······················内容过多,后面省略·······················
```

同样,在此命令的基础上增加-p 选项,即可查询未安装软件包的依赖性。

9.3.7　查询未安装的 RPM 包文件

语法:rpm -qp[子选项][RPM 包文件]

功能:-qp 后接的所有参数与上述说明一致,但仅用于找出某个 RPM 文件内的信息,而非已安装的软件信息。

-qpi:通过 RPM 包文件查看该软件的详细信息。

-qpl:查看 RPM 安装包内所包含的目录、文件列表。

-qpc:查看 RPM 安装包内包含的配置文件列表。

-qpd:查看 RPM 安装包内包含的文档文件列表。

9.4 前端包管理工具 yum

9.4.1 yum 概述

RPM 包安装方式需要手动解决软件包之间的依赖性问题。下面介绍一种可自动安装软件包(自动解决软件包之间依赖性)的安装方式,此种方式称为 RPM 前端包管理工具 yum。

yum,全称"Yellow dog Updater,Modified",是一个专门为了解决软件包的依赖性而开发的软件包管理器。Windows 系统可以通过 360 软件管家实现软件的一键安装、升级和卸载,Linux 系统也有这样的工具,即 yum。yum 是改进型的 RPM 软件管理器,它很好地解决了 RPM 所面临的软件包依赖问题。yum 在服务器端保存着所有的 RPM 包,并将各个包之间的依赖性记录在文件中,这些文件位于 repodata 文件夹中,当管理员使用 yum 安装 RPM 包时,yum 会先从服务器端下载包的依赖性文件,通过分析此文件从服务器端一次性下载所有相关的 RPM 包并进行安装。可以使用 rpm 命令安装 yum 软件,安装之前可以通过如下命令查看 yum 是否已安装。

```
[root@rk88 ~]#rpm -qa | grep yum
yum-4.7.0-16.el8_8.noarch
```

此时,系统已经安装了 yum。

注意:从 RHEL 8 开始,yum 已经被 dnf 前端包管理工具替换,但是为了保留兼容性,依然可以直接使用 yum 命令,且 dnf 使用的语法和 yum 完全相同。所以掌握了 yum 的用法也就是掌握了 dnf 的用法。另外,dnf 是由 Python 语言开发的,不是 C 语言。

使用 yum 安装软件包之前,需指定好 yum 下载 RPM 包的位置,此位置称为 yum 仓库源。换句话说,yum 仓库源就是软件包的安装来源。使用 yum 安装软件时至少需要一个 yum 仓库源。既可以使用网络 yum 仓库源,也可以将本地光盘作为 yum 源。

9.4.2 yum 仓库源配置文件

安装 yum 时官方会提供 yum 仓库源配置文件。一般情况下,只要主机网络正常,就可以直接使用网络 yum 仓库源,而不需要对配置文件做任何修改。

yum 仓库源配置文件位于/etc/yum.repos.d/目录下,文件扩展名为.repo(扩展名为.repo 的文件都是 yum 仓库源的配置文件,也就是 RPM 存储仓库文件)。

yum 仓库源配置文件如下所示:

```
[root@rk88 ~]#ls -m /etc/yum.repos.d/
epel-modular.repo, epel.repo, epel-testing-modular.repo, epel-testing.
repo,
Rocky-AppStream.repo, Rocky-BaseOS.repo, Rocky-Debuginfo.repo, Rocky-
Devel.repo,
```

```
Rocky-Extras.repo, Rocky-HighAvailability.repo, Rocky-Media.repo,
Rocky-NFV.repo,Rocky-Plus.repo, Rocky-PowerTools.repo, Rocky-
ResilientStorage.repo,
Rocky-RT.repo, Rocky-Sources.repo
```

可以看到，该目录下有数个 yum 仓库源配置文件，因版本不同，配置文件数量不同。通常情况下，配置文件要想生效，还需要在配置文件设置项中指定。

下面打开 Rocky-BaseOS.repo 配置文件并对配置文件内容进行解析：

```
[root@rk88 yum.repos.d]#cat Rocky-BaseOS.repo
..........................前面注释省略..............................
[baseos]
name=RockyLinux$releasever -BaseOS
mirrorlist=https://mirrors.rockylinux.org/mirrorlist? arch=
$basearch&repo=BaseOS-$releasever
#baseurl=https://dl.rockylinux.org/$contentdir/$releasever/
BaseOS/$basearch/os/
gpgcheck=1
enabled=1
countme=1
gpgkey=file:///etc/pki/rpm-gpg/RPM-GPG-KEY-rockyofficial
```

此文件中含有 1 个 yum 源容器，yum 源容器也可以有多个，配置 baseos 容器与之类似。baseos 容器中各参数的含义分别为：

［baseos］：容器名称，一定要放在［］中。可以使用 yum repolist 命令查看。

name：容器说明，可以随意指定。

mirrorlist：镜像站点。一般由官方提供，速度可能会比较慢。

baseurl：yum 源服务器的地址。默认使用官方的 yum 源服务器。如果觉得慢，则可以修改 yum 源地址，即可以更换为互联网上可以使用的其他源。

注意：mirrorlist 和 baseurl 使用其中一个即可，一般建议使用 baseurl。

gpgcheck：如果为 1，则表示 RPM 的数字证书生效；如果为 0，则表示 RPM 的数字证书未生效。

enabled：表示是否启用容器，此项如果不写，则会启用默认值 1，表示启用此容器；如果禁用此容器，则值应设置为 0。

countme：用于指定仓库的优先级权重。当系统中存在多个可用的软件仓库时，yum 会根据权重来决定从哪个仓库安装或更新软件。权重越高，表示该仓库的优先级越高。因此，countme=1 意味着该仓库的优先级相对较低，当存在多个仓库时，系统会优先考虑权重更高的仓库。

gpgkey：数字证书的公钥文件保存位置。不用修改。

9.4.3 换源

上面提到在使用官方服务器源时,速度可能会比较慢,这个时候就可以自行添加新的仓库文件,需要创建在 /etc/yum.repos.d/ 目录下,文件扩展名为.repo。

换源后,需要禁用原来的源容器,修改原来的仓库文件扩展名或者将其移动到其他目录,都可以让原仓库文件失效。

范例 9-10:更换阿里云源。操作如下:

(1)备份原来的仓库文件。

```
[root@rk88 yum.repos.d]#mkdir bakrepo
[root@rk88 yum.repos.d]#cp *.repo bakrepo/
[root@rk88 yum.repos.d]#
[root@rk88 yum.repos.d]#tree
.
└── bakrepo
    ├── epel-modular.repo
    ├── epel.repo
    ├── epel-testing-modular.repo
···························内容过多,后面省略···························
```

(2)执行以下命令替换默认源。

```
sed -e 's|^mirrorlist=|#mirrorlist=|g' \    -e
's|^# baseurl=http://dl.rockylinux.org/$ contentdir|baseurl=https:
//mirrors.aliyun.com/rockylinux|g' \    -i.bak \
\   /etc/yum.repos.d/Rocky-*.repo
```
注意:有的仓库源文件可以直接下载,阿里云源文件则是通过替换方式进行的。

```
[root@rk88 yum.repos.d]#sed -e 's|^mirrorlist=|#mirrorlist=|g' \
>    -e 's|^# baseurl=http://dl.rockylinux.org/$contentdir|baseurl=
https://mirrors.aliyun.com/rockylinux|g' \
>    -i.bak \
>    /etc/yum.repos.d/Rocky-*.repo
[root@rk88 yum.repos.d]#cat Rocky-BaseOS.repo
# Rocky-BaseOS.repo
#
# The mirrorlist system uses the connecting IP address of the client and the
# update status of each mirror to pick current mirrors that are geographically
# close to the client.  You should use this for Rocky updates unless you are
```

```
#manually picking other mirrors.
#
#If the mirrorlist does not work for you, you can try the commented out
#baseurl line instead.

[baseos]
name=RockyLinux$ releasever -BaseOS
#mirrorlist=https://mirrors.rockylinux.org/mirrorlist? arch=
$basearch&repo=BaseOS-$ releasever
baseurl=https://mirrors.aliyun.com/rockylinux/$ releasever/BaseOS/
$basearch/os/
gpgcheck=1
enabled=1
countme=1
gpgkey=file:///etc/pki/rpm-gpg/RPM-GPG-KEY-rockyofficial
```

结果如图 9-1 所示。

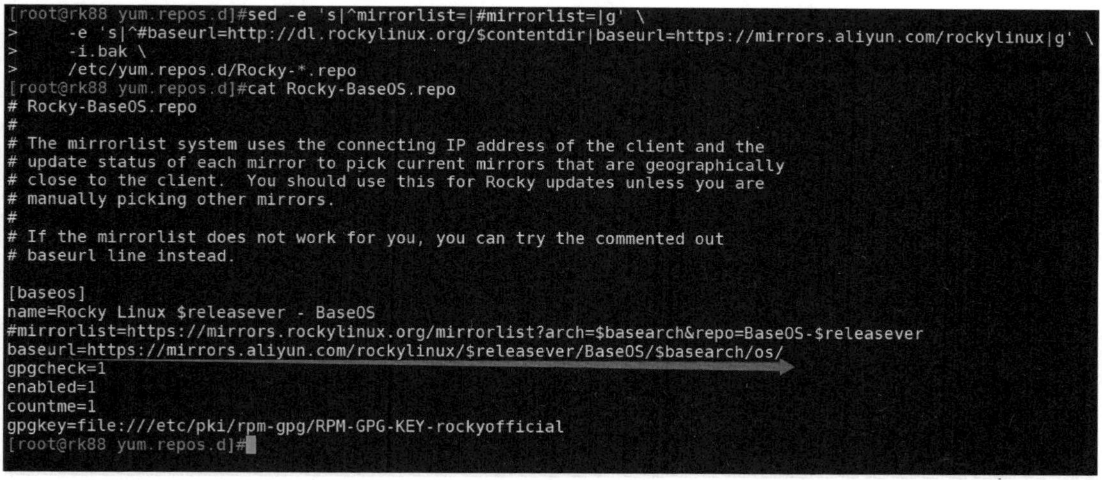

```
[root@rk88 yum.repos.d]#sed -e 's|^mirrorlist=|#mirrorlist=|g' \
>   -e 's|^#baseurl=http://dl.rockylinux.org/$contentdir|baseurl=https://mirrors.aliyun.com/rockylinux|g' \
>   -i.bak \
>   /etc/yum.repos.d/Rocky-*.repo
[root@rk88 yum.repos.d]#cat Rocky-BaseOS.repo
# Rocky-BaseOS.repo
#
# The mirrorlist system uses the connecting IP address of the client and the
# update status of each mirror to pick current mirrors that are geographically
# close to the client.  You should use this for Rocky updates unless you are
# manually picking other mirrors.
#
# If the mirrorlist does not work for you, you can try the commented out
# baseurl line instead.

[baseos]
name=Rocky Linux $releasever - BaseOS
#mirrorlist=https://mirrors.rockylinux.org/mirrorlist?arch=$basearch&repo=BaseOS-$releasever
baseurl=https://mirrors.aliyun.com/rockylinux/$releasever/BaseOS/$basearch/os/
gpgcheck=1
enabled=1
countme=1
gpgkey=file:///etc/pki/rpm-gpg/RPM-GPG-KEY-rockyofficial
[root@rk88 yum.repos.d]#
```

图 9-1　更换为阿里云源的配置文件

（3）清除前面的 yum 缓存。

```
[root@rk88 yum.repos.d]#yum clean all
36 files removed
```

（4）生成 yum 新缓存。

```
[root@rk88 yum.repos.d]#yum makecache    #网速正常的情况，需要几秒
[root@rk88 yum.repos.d]#yum repolist    #查看可用的仓库容器
repo id                      repo name
appstream                    RockyLinux8 -AppStream
```

baseos	RockyLinux8 -BaseOS
epel	Extra Packages for EnterpriseLinux8 -x86_64
extras	RockyLinux8 -Extras

第 1 列信息表示仓库容器名称，就是前面所说的中括号中的名称标识。

第 2 列信息是容器说明，即 name 后面的值。

注意：此命令默认只显示启用的容器，即 enabled＝1 的容器。

9.4.4 本地 yum 源配置

本地 yum 源一般使用系统安装源光盘文件，可以放在服务器的某一个目录下，也可以放在本地的 ftp 服务器等。

范例 9-11：使用本地源，操作如下：

（1）准备光盘文件到服务器上，直接挂载光盘，可以将光盘 ISO 文件复制到服务器上然后回环挂载，也可以使用本地的 ftp 服务器方式。此处直接通过挂载光盘到/mnt/cdrom 目录的方式。

在/etc/yum.repos.d/目录下，此文件就是以本地光盘作为 yum 源的模板文件，只需进行简单的修改即可，步骤如下。

①放入 Rocky Linux 8.8 安装光盘，并挂载光盘到指定位置。命令如下：

```
[root@rk88 yum.repos.d]#mount /dev/cdrom /mnt/cdrom
mount: /mnt/cdrom: WARNING: device write-protected, mounted read-only.
[root@rk88 yum.repos.d]#ls /mnt/cdrom
AppStream  BaseOS  EFI  images  isolinux  LICENSE  media.repo  TRANS.TBL
[root@rk88 yum.repos.d]#
```

②将前面的仓库文件备份。

```
[root@rk88 yum.repos.d]#mkdir bakrepo2
[root@rk88 yum.repos.d]#mv *.repo bakrepo2/
```

③把前面的一个仓库文件复制到 yum.repos.d 目录下，然后打开编辑。

（2）创建 yum 仓库文件。

```
[root@rk88 yum.repos.d]#cp bakrepo/Rocky-BaseOS.repo ./
[root@rk88 yum.repos.d]#ls
bakrepo  bakrepo2  Rocky-BaseOS.repo
```

利用 vim 打开 Rocky-BaseOS.repo 文件，修改成如下信息：

```
[root@rk88 yum.repos.d]# vim Rocky-BaseOS.repo
#下面这个是容器名称，改为
[local_dvd_baseos]
#下面是描述
name=RockyLinuxlocal_dvd -BaseOS
```

```
#下面一行是重点,file://表示文件协议,即本地文件方式,/mnt/cdrom/BaseOS是基础安
装包所在的目录,这个目录路径一定有一个子目录 repodata 文件夹,这是特别要注意的,不
能将其写成/mnt/cdrom
baseurl=ftp:///mnt/cdrom/BaseOS
#下面几项内容可以不用修改
gpgcheck=1
enabled=1
countme=1
gpgkey=file:///etc/pki/rpm-gpg/RPM-GPG-KEY-rockyofficial
```

修改完成后保存测试。

（3）清除前面的 yum 缓存。

```
[root@rk88 yum.repos.d]#yum clean all
6 files removed
```

（4）生成 yum 新缓存。

```
[root@rk88 yum.repos.d]#yum makecache
RockyLinuxlocal_dvd -BaseOS        128 MB/s | 2.6 MB        00:00
Metadata cache created.
```

（5）测试查看。

```
[root@rk88 yum.repos.d]#yum repolist
repo id                        repo name
local_dvd_baseos               RockyLinuxlocal_dvd -BaseOS
```

此处显示的信息就是在容器中配置的信息。

注意：在 Rocky Linux 8.8 光盘中将包分成常用软件包 BaseOS 和一般软件包 AppStream,在使用这种本地源时一定记得要添加两个容器。

9.5　yum 命令的使用

语法：yum [options] [command] [package ...]
常用的命令功能如下所示：
（1）显示仓库列表。
repolist [all|enabled|disabled]
（2）显示程序包。
list {available|installed|updates}

(3)安装程序包。

install [package1] [package2] [...]

reinstall [package1] [package2] [...]　（重新安装）

(4)升级程序包。

update [package1] [package2] [...]

(5)检查可用升级。

check-update

(6)卸载程序包。

remove ｜ erase [package1] [package2] [...]

(7)查看程序包 information。

info [...]

(8)清理本地缓存。

clean [packages ｜ metadata ｜ expire-cache ｜ rpmdb ｜ plugins ｜ all]

(9)构建缓存。

makecache

(10)搜索。

search [string1] [string2] [...]

范例 9-12： 查询所有已安装和可安装的软件包。

```
[root@rk88 yum.repos.d]#yum list
#查询所有可用软件包列表
Installed Packages
#已经安装的软件包
ConsdeKit.i686 0.4.1-3.el6
@anaconda-CentOS-201207051201 J386/6.3
ConsdeKit-libs.i686 0.4.1-3.el6 @anaconda-CentOS-201207051201 J386/6.3
························内容过多,部分输出省略····························
Available Packages
#还可以安装的软件包
389-ds-base.i686 1.2.10.2-15.el6 c6-media
389-ds-base-devel.i686 1.2.10.2-15.el6 c6-media
#软件名 版本 所在位置(光盘)
····················内容过多,部分输出省略····························
```

范例 9-13： 查询指定软件包的安装情况。

```
[root@rk88 yum.repos.d]#yum list samba
Available Packages samba.i686 3.5.10-125.el6 c6-media
#查询 samba 软件包的安装情况,Available 表示没有安装此软件包,如果已经安装会显
示 Installed
```

范例 9-14： 从 yum 源服务器上查找与关键字相关的所有软件包。

```
#搜索服务器上所有和httpd相关的软件包
[root@rk88 ~ ]#yum search httpd
Last metadata expiration check: 11：14：42 ago on Sun 20 Oct 2024 01：15：19
PM CST.
===========Name Exactly Matched: httpd ============
httpd.x86_64 : Apache HTTP Server
===========Name & Summary Matched: httpd ===========
dmlite-apache-httpd.x86_64 : Apache HTTPD frontend for dmlite
keycloak-httpd-client-install.noarch : Tools to configure Apache HTTPD as
Keycloak client
lighttpd-fastcgi.x86_64 : FastCGI module and spawning helper for lighttpd and
PHP configuration
lighttpd-filesystem.noarch : The basic directory layout for lighttpd
lighttpd-mod_authn_dbi.x86_64 : Authentication module for lighttpd that uses
DBI
......................内容过多,后面省略......................
```

范例 9-15：查询执行软件包 httpd 的详细信息。

```
[root@rk88 ~]#yum info httpd
Last metadata expiration check: 11:15:54 ago on Sun 20 Oct 2024 01:15:19 PM CST.
Installed Packages
Name         : httpd
Version      : 2.4.37
Release      : 65.module+el8.10.0+1842+4a9649e8.2
Architecture: x86_64
Size         : 4.3 M
Source       : httpd-2.4.37-65.module+el8.10.0+1842+4a9649e8.2.src.rpm
Repository   : @ System
From repo    : appstream
Summary      : Apache HTTP Server
URL          : https://httpd.apache.org/
License      : ASL 2.0
Description: The Apache HTTP Server is a powerful, efficient, and extensible
           : web server.
```

9.5.1　查看配置的仓库容器信息

语法：repolist [all | enabled | disabled]
功能：显示 repo 列表及简要信息。

参数说明如下。

all：显示所有容器信息。

enabled：显示启用的容器信息。

disabled：显示禁用的容器信息。

范例 9-16：查看服务器启用的容器信息。

```
[root@rk88 yum.repos.d]#yum repolist all
repo id                  repo name                                    status
local_dvd_baseos         RockyLinuxlocal_dvd -BaseOS        enabled
[root@rk88 yum.repos.d]#yum repolist
repo id                           repo name
local_dvd_baseos                  RockyLinuxlocal_dvd -BaseOS
[root@rk88 yum.repos.d]#
```

9.5.2　查看软件包命令 list

操作如下：

```
yum list all[软件包]        #列出 yum 源仓库里面所有可用的安装包
yum list installed          #列出所有已经安装的安装包
yum list available          #列出没有安装的安装包
```

范例 9-17：查看 httpd 包和服务器上所有的包。

```
[root@rk88 ~]#yum list httpd
Last metadata expiration check: 0:28:29 ago on Thu 05 Sep 2024 09:35:55 AM CST.
Installed Packages
httpd.x86_64                     2.4.37-65.module+ el8.10.0+ 1842+ 4a9649e8.2
@ appstream
[root@rk88 ~]# yum list | more
Last metadata expiration check: 0:28:38 ago on Thu 05 Sep 2024 09:35:55 AM CST.
Installed Packages
GConf2.x86_64            3.2.6-22.el8               @ AppStream
ModemManager.x86_64      1.20.2-1.el8                    @ anaconda
ModemManager-glib.x86_64   1.20.2-1.el8                  @ anaconda
NetworkManager.x86_64    1:1.40.16-1.el8                  @ anaconda
```

9.5.3　安装命令 install

语法：yum -y install 包名

常用选项如下：

-y：自动回答 yes。如果不加 -y，那么每个安装的软件都需要手动回答 yes。

范例 9-18：yum 命令安装 vsftpd 包。

```
[root@rk88 yum jepos.d]#yum -y install vsftpd
```

安装过程如图 9-2 所示：

```
[root@rk88 yum.repos.d]#yum -y install vsftpd
Last metadata expiration check: 0:00:54 ago on Thu 05 Sep 2024 10:10:46 AM CST.
Dependencies resolved.
================================================================================
 Package          Architecture     Version          Repository         Size
================================================================================
Installing:
 vsftpd           x86_64           3.0.3-36.el8      appstream          180 k

Transaction Summary
================================================================================
Install  1 Package

Total download size: 180 k
Installed size: 347 k
Downloading Packages:
vsftpd-3.0.3-36.el8.x86_64.rpm                       152 kB/s | 180 kB   00:01
--------------------------------------------------------------------------------
Total                                                151 kB/s | 180 kB   00:01
Running transaction check
Transaction check succeeded.
Running transaction test
Transaction test succeeded.
Running transaction
  Preparing        :                                                       1/1
  Installing       : vsftpd-3.0.3-36.el8.x86_64                            1/1
  Running scriptlet: vsftpd-3.0.3-36.el8.x86_64                            1/1
  Verifying        : vsftpd-3.0.3-36.el8.x86_64                            1/1

Installed:
  vsftpd-3.0.3-36.el8.x86_64

Complete!
[root@rk88 yum.repos.d]#
```

图 9-2　yum 命令安装 vsftpd

9.5.4　升级命令 update

使用 yum 命令升级软件包，需确保 yum 源服务器中软件包的版本比本机安装的软件包版本高。yum 升级软件包常用的命令如下：

yum -y update：升级所有软件包。不过考虑到服务器的稳定性，该命令并不常用。

yum -y update 包名：升级特定的软件包。

9.5.5　卸载命令 remove

使用 yum 命令卸载软件包时，会同时卸载所有与该包有依赖关系的其他软件包，即便部分依赖包属于系统运行必备文件，也会被 yum 卸载，带来的直接后果就是系统崩溃。

除非能确定卸载此包以及它的所有依赖包不会对系统产生影响，否则不要使用 yum 命令卸载软件包。

yum 卸载命令的基本格式如下：

#yum remove 包名

9.6 dnf 简 介

yum 虽然解决了软件的依赖性问题,但仍存在分析不准确、内存占用量大、不能多人同时安装软件等缺点。2015 年,随着 Fedora 22 系统的发布,用户有了一个新的选择——dnf。dnf 实际上就是解决了上述问题的 yum 软件仓库的提升版,行业内称之为 yum v4 版本。

作为 yum 软件仓库 v3 版本的接替者,dnf 特别友好地继承了原有的命令格式,且使用习惯也与 yum v3 版本保持了一致。例如,安装软件命令是"yum install 包名",现在则是"dnf install 包名",也就是说,将命令中的 yum 替换成 dnf 即可。

当然,RHEL 8 系统也照顾了老用户的习惯,同时兼容并保留了 yum 和 dnf 两个命令,可以在实际操作中随意选择。

9.7 上 机 实 践

(1)统计系统中安装了多少个软件包。

(2)利用-qf 查询/bin/ls 文件是由哪个软件包安装的。

(3)查询 httpd 软件包是否已经安装。如果没有安装,使用 rpm 或者 yum 安装。

(4)利用-qi、-ql、-qc 查询 httpd 软件包的相关信息文件。

(5)yum 前端安装管理工具的使用:

①查看可用的软件仓库有哪些;

②查询 mysql-server 软件信息;

③卸载软件包 httpd、tree;

④安装软件包 httpd、tree。

(6)将 yum 源更换为阿里云源,并且测试是否更换成功。

(7)利用 Rocky Linux 8.8 光盘搭建本地源操作。要求创建指定 BaseOS 和 AppStream 目录软件的 repo 容器。测试创建完成后是否生效。

(8)创建 nginx 安装 repo 仓库文件,仓库名称为 nginx-stable.repo,然后测试安装 nginx,仓库容器信息如下:

```
[nginx-stable]
name=nginx stable repo
baseurl=http://nginx.org/packages/centos/$ releasever/$ basearch/
gpgcheck=1
enabled=1
gpgkey=https://nginx.org/keys/nginx_signing.key
module_hotfixes=true
```

任务 10　Shell 脚本基础

◆ **任务描述**

本任务主要介绍 Shell 脚本基础、Shell 脚本语法、程序的几种基本结构。

◆ **知识目标**

1. 了解什么是 Shell 脚本。
2. 熟悉 Shell 脚本的运行方式、基本语法。
3. 熟悉 Shell 脚本的几种程序控制结构。
4. 熟悉 Shell 脚本的函数使用。

◆ **技能目标**

1. 具备编写脚本使之运行的能力。
2. 具备使用脚本常用的程序控制结构编写程序的能力。
3. 具备在脚本中使用函数的基本能力。

◆ **素养目标**

1. Shell 脚本可以大大提高工作效率,让学生在实践中追求高质量的工作成果。
2. 了解脚本语言的优点和不足,提高运用辩证法思考和分析问题的能力。

10.1　Shell 脚本简述

Shell 脚本是一种用于自动化任务的脚本编程语言,包含一系列命令和控制结构,通过 Shell 解释器执行。Shell 脚本通常用于在 Unix/Linux 操作系统上执行一系列命令。利用 Shell 脚本可以提高工作效率。

Shell 脚本具有以下特点:

(1)易编写和调试:Shell 脚本语法简单,易于编写和调试。

(2)高灵活性:Shell 脚本可以执行各种任务,包括系统管理、文件操作、数据处理等。

(3)解释执行:Shell 脚本通过解释器逐行解释执行,不需要编译成二进制文件。

如果脚本未指定 shebang(♯!代表这两个字符),脚本执行的时候,默认用当前 Shell 去解释脚本,即 $SHELL。

10.2　编　写　脚　本

范例 10-1：在当前登录用户主目录下创建一个脚本 scripts01.sh，脚本内容如下：

```
[root@rk88 ~]#vim scripts01.sh
1#!/bin/bash
2#从第二行开始，#号就表示注释
3#语句每条结尾可以使用分号，也可以不使用，按回车键之后也表示下一条语句开始
4#echo 打印输出的语句
5 echo "hello world!";
```

程序说明：

第 1 行：声明 Shell 脚本解释器的名称，这个地方就是 bash shell 解释器来执行，这一句一定要放在第一条，语法格式固定。

第 2～4 行都是以♯号开头，是注释语句。

第 5 行：利用 echo 命令输出字符串"hello world!"

10.3　执　行　脚　本

1.以可执行文件方式执行

需要给这个脚本增加可执行权限，否则不能执行，并且要用绝对路径，因为 PATH 环境变量中没有当前这个目录的路径变量。

这种执行方式实际是脚本作为独立程序运行，需要申请新的进程，所以在脚本开头必须声明是用哪个解释器（具体的 Shell）来解释后面的代码，一般是使用/bin/bash，即 bash shell 解释器。

范例 10-2：当前在/root 目录下，有一个脚本 sh1.sh，利用相对路径来执行。

```
1 当前工作目录在/root 目录
[root@rk88 ~ ]#./sh1.sh
2 假定当前目录在/tmp 目录，但还是想要用相对路径来执行，则写成.../root/sh1.sh
[root@rk88 ~ ]#cd /tmp
[root@rk88 tmp]#.../root/sh1.sh
hello world
[root@rk88 tmp]#
```

在当前目录下执行脚本利用相对路径方式时，为什么一定要写成./开头？这是因为如果脚本就在当前路径下，直接写成脚本名称时，系统并不会在当前目录下查找这个文件，而是当成系统中使用外部命令方式调用执行，外部命令是根据 PATH 环境变量来执行。而当前路径即./并没有在 PATH 环境变量中，所以没有办法执行。

为什么不能将当前目录添加到 PATH 中呢？主要是出于安全考虑，/tmp 目录是一个公共的目录，若黑客在常用的公共目录/tmp 中存放一个与 ls 或者 cd 命令同名的木马文件，而当前工作目录正好在/tmp 目录下，当执行最常用的 ls 或者 cd 命令时，电脑就会中招。

范例 10-3：当前在/root 目录下，有一个脚本 scripts01.sh，利用两种路径方式来执行。

```
[root@rk88 ~]#chmod +x scripts01.sh
[root@rk88 ~]#ll scripts01.sh
-rwxr-xr-x. 1 root root 211 Aug  9 19:33 scripts01.sh

执行脚本：  不能直接输入 scripts01.sh
通过绝对路径或者./脚本名称来执行
[root@rk88 ~]#./scripts01.sh
hello world!
[root@rk88 ~]#/root/scripts01.sh
hello world!
./表示当前脚本所在目录
[root@rk88 ~]#pwd
/root
```

如果要把脚本放在后面的任务计划中执行，则要给脚本增加可执行权限，执行的方式为绝对路径。

2. 以 bash shell 参数来执行

把脚本文件作为 bash shell 的参数来执行，不需要给脚本增加可执行权限。这种执行方式是在当前的 bash shell 中申请一个子进程，这个子进程也是 bash shell。以这种方式执行，脚本中第一行可以不用声明解释器。但要注意，这种执行方式主要用于调试脚本。

格式：[root@www ~]# bash [−nvx] scripts.sh

常用选项：

-n：不要执行 script，仅查询语法的问题。

-v：执行 script 前，先将 scripts 的内容输出到屏幕上。

-x：将使用到的 script 内容显示到屏幕上（这是很有用的参数）。

范例 10-4：利用 bash shell 执行 sh1.sh。

```
[root@rk88 ~]#bash -x sh1.sh
+ echo 'hello world'
hello world
```

bash 参数运行时，可调试脚本，将脚本执行的文件全部打印出来，当然，默认是不能打印出来的，需要使用选项-v。

10.4　输入输出语句

10.4.1　输入语句 read

语法：read -p "input a string：　==>" 变量
功能：从键盘读入输入的值并赋值给变量。
注意：提示信息与变量名之间一定要有空格。

10.4.2　输出语句 echo

echo 命令功能：输出变量或者字面量值。
常用选项：
-e：后面的特殊字符可以转义。
\n：换行。
\t：一个 Tab 空格。
范例 10-5：使用 echo 转义选项输出 hello world 并实现换行。

```
[root@rk88 ~]#echo -e "hello world \n \n"
hello world
[root@rk88 ~]#echo "hello world \n \n"
hello world \n \n
[root@rk88 ~]#echo -e "hello world \n \n"
hello world


[root@rk88 ~]#
```

10.4.3　在 Shell 脚本中执行命令的方式

在 Shell 脚本中执行命令有以下 2 种方式：
第 1 种方式：直接执行。
第 2 种方式：把命令执行的结果赋值给一个变量，此时就需要使用命令替换来实现，常用的命令替换方式有：①命令使用反引号，如'命令'；②使用 $(命令)。推荐使用后者。

10.5　变　　量

10.5.1　变量的命名规则

在定义变量时，有一些规则需要遵守。

（1）命名只能使用英文字母、数字和下划线"_"，首个字符不能以数字开头。

（2）等号左右两侧不能有空格，可以使用下划线，变量的值如果有空格，需要使用单引号或双引号。如："test＝"hello world!""。

（3）不能使用标点符号，不能使用 bash 里的关键字（可用 help 命令查看保留关键字）。

（4）环境变量建议大写，便于区分。

（5）如果需要增加变量的值，那么可以进行变量值的叠加。

10.5.2　双引号和单引号

使用单引号' '包围变量的值时，单引号里面的内容原样输出。也就是使用单引号不会解析变量和命令。

单引号使用场景：显示纯字符串的情况，不解析变量、命令等。

使用双引号""包围变量的值时，输出时会先解析里面的变量和命令，而不是原样输出。

双引号使用场景：字符串中附带变量和命令并且需要将其解析后再输出。

10.5.3　变量的分类

（1）用户自定义变量：最常见的变量，由用户自由定义变量名和变量的值。

（2）环境变量：主要保存和系统操作环境相关的数据，比如当前登录用户、用户的主目录、命令的提示符等。Windows 系统中，同一台电脑可以有多个用户登录，而且每个用户都可以定义自己的桌面样式和分辨率，Linux 的环境变量可以理解为 Windows 的环境变量。环境变量的变量名可以自由定义，但是一般对系统起作用的环境变量的变量名是系统预先设定好的。

（3）位置参数变量：主要用来向脚本传递参数或数据，变量名不能自定义，变量作用是固定的。

（4）预定义变量：bash 中已经定义好的变量，变量名不能自定义，变量作用也是固定的。

10.5.4　变量的定义和值的引用

在 Shell 脚本中，变量定义一般不需要使用关键字声明，虽然可以使用 declare 定义，但一般不使用。定义使用的语法格式如下：

变量名＝值

例如，定义一个名称为 username 的变量，值为 zhangsan，则语法格式为：

username= "zhangsan"

注意：这个赋值符号左右不能有空格。

变量值的引用方式有如下两种：

（1）$ 变量；

（2）$｛变量名｝。

一般建议使用第二种写法，比较安全，当变量和字符串一起输出时，可以更好地确定变量名称范围。

范例 10-6：创建 username 变量赋值并输出。

```
[root@rk88 ~]#username="zhangsan"
[root@rk88 ~]#echo $username
zhangsan
[root@rk88 ~]#echo ${username}
zhangsan
[root@rk88 ~]#
```

10.6　测试表达式及运算符

在 Shell 脚本中,条件表达式由条件测试语句和测试运算符构成,这个条件测试语句实际上是执行的命令,所以命令执行时返回的结果并不是普通程序语言中的布尔值,而是命令执行结果的状态码。当命令执行成功时,状态码是 0,这时候程序会把这个条件当成真;如果命令执行失败,返回状态码是非 0 的值,则程序会把这个条件当成假。

说明:想测试 Shell 的简单语句效果,可以直接在当前命令提示符后输入执行测试,不需要放到脚本中执行。

下面以一个命令执行流程举例说明。

```
cmd && cmd2    #此种写法表示只有 cmd 返回状态值是成功的,即状态码为 0,cmd2 才会执行
```

命令之间用 && 连接。

10.6.1　test 和[]命令语句

test 命令用于检测某个条件是否成立。test 可以进行数值、字符和文件三个方面的测试。test 命令简写为[]。支持关系运算符等。其本质是 bash 的内置命令。

语法:[expression]

注意:[]和 expression 之间有两个空格,这两个空格必须存在,否则执行时会导致语法错误。

使用时注意事项如下:

(1)变量引用:[ ]中使用变量必须加上 $ 符号来引用,并且要写成"$varname"的形式,否则可能会报错。

(2)对于数字变量的比较,要使用"小于""大于"等关系运算,在 [ ]中只能使用-lt、-gt 等字符形式的表示方式。

(3)要使用与、或等逻辑运算关系,在 [ ]中只能使用-a 、-o 等字母布尔运算符形式。

范例 10-7:采用数值关系运算符进行数值比较。

```
[root@rk88 ~]#test 10 -gt 8 && echo "ok"
ok
```

10.6.2　运算符分类

在 Shell 脚本中，一般包括算术运算符、关系运算符、逻辑运算符、布尔运算符、字符串运算符、文件检测运算符。

1. 算术运算符

Shell 脚本和其他语言不太一样，原生 bash 不支持简单的数学运算，但是可以通过其他命令来实现。如，＋(加法)，－(减法)，＊(乘法)，/(除法)，%(取余)，＝(赋值)，＝＝(相等)，!＝(不相等)。

范例 10-8:用 ＋ 号举例，请看下面的程序 sh2. sh。

```
# !/bin/bash
echo '使用(()) [ ]执行算术运算: + -* / % '
echo "请输入两个数字(使用空格分割):"
read num01 num02
num='expr${num01} +${num02}'
echo "${num01} +${num02} =${num}"

num=$(((${num01} +${num02}))
echo "${num01} +${num02} =${num}"

let num=$ {num01}+${num02}
echo "${num01} +${num02} =${num}"
num=$[${num01}+${num02}]
echo $num
```

2. 关系运算符

关系运算符含义如下:

-eq:检测两个数是否相等，如果相等返回 true，否则返回 false。

-ne:检测两个数是否不相等，如果不相等返回 true，否则返回 false。

-gt:检测左边数是否大于右边的数，如果是返回 true，否则返回 false。

-lt:检测左边数是否小于右边的数，如果是返回 true，否则返回 false。

-ge:检测左边数是否大于等于右边的数，如果是返回 true，否则返回 false。

-le:检测左边数是否小于等于右边的数，如果是返回 true，否则返回 false。

范例 10-9:比较 100 和 150 两个数字的大小。

```
[root@rk88 ~]#[ 100 -lt 150 ] && echo "ok"
ok
[root@rk88 ~]#[ 100 -gt 150 ] && echo "ok"
[root@rk88 ~]#
```

3. 逻辑运算符

逻辑运算符包括 && 和||。

&&：逻辑与运算，全部为 true，则返回 true，否则返回 false。

||：逻辑或运算，有一个为 true，则返回 true，否则返回 false。

范例 10-10：使用逻辑运算符比较两组数字大小是否成立。

```
[root@rk88 ~]#[ 100 -gt 60 ] || [ 55 -lt 88  ] && echo "ok"
ok
```

4.布尔运算符

布尔运算符一般包括与、或、非。

-a：与运算，两个表达式都为 true，则返回 true，否则返回 false。

-o：或运算，只要有一个表达式为 true，则返回 true，否则返回 false。

!：非运算，如果表达式为 true，则返回 false。

范例 10-11：使用布尔运算符比较两组数字大小。

```
[root@rk88 ~]#[ 100 -gt 60 -o 55 -lt 88  ] && echo "ok"
Ok
```

布尔运算符和逻辑运算符的区别在于，布尔运算符是写在一个条件表达式里面的，而逻辑运算符则是写在条件表达式与条件表达式之间。如果逻辑运算符要写在表达式里面，则需要使用[[ ]]，但因为[[ ]]属于 bash 的扩展，并非所有 Shell 脚本都支持，所以此处不做介绍。

5.字符串运算符

在 Shell 脚本中，当使用 test 命令进行条件判断时，对变量进行双引号引用是非常重要的。因为 Shell 在处理变量时，如果变量名前没有双引号，Shell 会尝试解析变量名后的内容作为命令或文件路径等，而不是作为字符串处理，这可能导致错误或预期外的行为，尤其是在变量值包含空格、特殊字符或变量未定义时。如有变量 username，在测试引用时，要写成 $ username，或者 $｛username｝。

字符串运算符相关功能如下：

＝：检测两个字符串是否相等，相等则返回 true，否则返回 false。

!＝：检测两个字符串是否不相等，不相等则返回 true，否则返回 false。

-z：检测字符串长度是否为 0，为 0 则返回 true，否则返回 false。

-n：检测字符串长度是否不为 0，不为 0 则返回 true，否则返回 false。

$：检测字符串是否不为空，不为空返回 true，否则返回 false。

范例 10-12：检测字符串结果是否正确。

```
[root@rk88 ~]#str1="aa"
[root@rk88 ~]#str2="aa"
[root@rk88 ~]#
[root@rk88 ~]#
[root@rk88 ~]#["$ {str1}" ="$ {str2}" ] && echo "ok"
ok
[root@rk88 ~]#str3="cc"
[root@rk88 ~]#
```

```
[root@rk88 ~]#["$ {str1}" ="$ {str3}" ] && echo "ok"
[root@rk88 ~]#
```

范例 10-13:检测字符串是否为 0(str04 字符串没有定义也没有赋值,所以此时长度为 0)。

```
使用-z检测字符串长度是否为 0,为 0 则返回 true,否则返回 false
[root@rk88 ~]#[ -z "$ {str04}" ] && echo "ok"
Ok
使用-n检测字符串长度是否不为 0,不为 0 则返回 true,否则返回 false
[root@rk88 ~]#[ -n "$ {str04}" ] && echo "ok"
[root@rk88 ~]#
```

注意:在 Shell 脚本中,一般使用 $ 变量来引用变量的值,但如果变量值包含空格或者特殊字符,就一定要将其放在双引号中,即"$ 变量"。这样可以防止变量值中的元字符被 Shell 解释为其他意义。

6. 文件检测运算符

文件检测运算符用于检测文件属性,file 表示文件名或者目录名。

-b file:检测文件是否是块设备文件,如果是,则返回 true,否则返回 false。

-c file:检测文件是否是字符设备文件,如果是,则返回 true,否则返回 false。

-d file:检测文件是否是目录,如果是,则返回 true,否则返回 false。

-f file:检测文件是否是普通文件,如果是,则返回 true,否则返回 false。

-g file:检测文件是否设置了 SGID 位,如果是,则返回 true,否则返回 false。

-k file:检测文件是否设置了黏着位(sticky bit),如果是,则返回 true,否则返回 false。

-p file:检测文件是否是有名管道,如果是,则返回 true,否则返回 false。

-u file:检测文件是否设置了 SUID 位,如果是,则返回 true,否则返回 false。

-r file:检测文件是否可读,如果是,则返回 true,否则返回 false。

-w file:检测文件是否可写,如果是,则返回 true,否则返回 false。

-x file:检测文件是否可执行,如果是,则返回 true,否则返回 false。

-s file:检测文件是否为空(文件大小是否大于 0),如果不为空,则返回 true,否则返回 false。

-e file:检测文件(包括目录)是否存在,如果是,则返回 true,否则返回 false。

-S file:检测文件是否为 socket,如果是,则返回 true,否则返回 false。

-L file:检测文件是否存在且是一个符号链接,如果是,则返回 true,否则返回 false。

范例 10-14:检测当前用户 root 主目录下存在的 anaconda-ks. cfg 文件属性。

```
# 是否存在此文件
[root@rk88 ~]#[ -f anaconda-ks.cfg ] && echo "ok"
Ok
# 是否为目录
[root@rk88 ~]#[ -d anaconda-ks.cfg ] && echo "ok"
[root@rk88 ~]#
```

```
#权限中是否可读
[root@rk88 ~]#[ -r anaconda-ks.cfg ] && echo "ok"
Ok
#权限中是否可执行
[root@rk88 ~]#[ -x anaconda-ks.cfg ] && echo "ok"
#是否存在此文件,和-f 的区别是,不管是文件还目录,只要存在就返回真
[root@rk88 ~]#[ -e anaconda-ks.cfg ] && echo "ok"
ok
[root@rk88 ~]#
```

10.7　脚本的参数

Shell 脚本针对参数已经预先设定好一些变量,对应如下:

/somepath/to/script_name　opt1　opt2　opt3　opt4
　　　　　　$0　　　　　$1　　$2　　$3　　$4

只要在 Shell 脚本中善于使用默认参数变量,就可以很简单地执行某些命令。

$#:使用获取传递给脚本或函数的参数个数。

$*:获取传递给脚本或函数的所有参数。

$@:获取传递给脚本或函数的所有参数。

$?:获取上个命令的退出状态。

$$:获取当前 Shell 进程 ID。

范例 10-15:脚本参数的使用(脚本名称 sh3.sh),脚本程序如下。

```
#!/bin/bash
echo '1.使用=赋值变量'
str1="chengdu"
str2="chongqing"
str3="Shanghai"
echo '2.使用$ 和$ {}获取变量值'
echo "字符串 1: $str1"
echo "字符串 2: ${str2}"
echo "字符串 3: ${str3}"
echo '3.使用$ 0获取当前脚本文件名称'
echo "脚本名称: $0"
echo '4.使用$ n获取传递给脚本或函数的参数,数字 n,表示第几个参数.例如:$ 1表示第
1个参数,$ 2表示第 2个参数'
echo "第 1 个参数: $1"
echo "第 2 个参数: $2"
```

```
echo '5.使用$ # 获取传递给脚本或函数的参数个数'
echo "参数个数: $#"
echo '6.使用$ * 获取传递给脚本或函数的所有参数'
echo "打印所有参数: $*"
echo '7.使用$ @ 获取传递给脚本或函数的所有参数'
echo "打印所有参数: $@"
echo '8.使用$ ? 获取上个命令的退出状态'
echo "上一命令状态码: $?"
echo '9.使用$ $ 获取当前 Shell 进程 ID'
echo "当前 Shell 进程 ID 号:$$"
```

程序执行结果如图 10-1 所示。

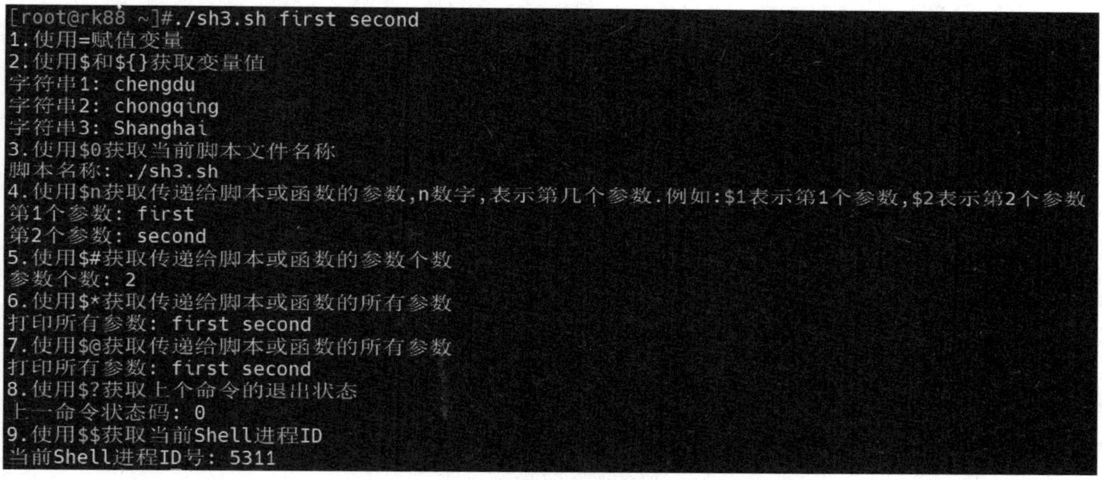

```
[root@rk88 ~]#./sh3.sh first second
1.使用=赋值变量
2.使用$和${}获取变量值
字符串1: chengdu
字符串2: chongqing
字符串3: Shanghai
3.使用$0获取当前脚本文件名称
脚本名称: ./sh3.sh
4.使用$n获取传递给脚本或函数的参数,n数字,表示第几个参数.例如:$1表示第1个参数,$2表示第2个参数
第1个参数: first
第2个参数: second
5.使用$#获取传递给脚本或函数的参数个数
参数个数: 2
6.使用$*获取传递给脚本或函数的所有参数
打印所有参数: first second
7.使用$@获取传递给脚本或函数的所有参数
打印所有参数: first second
8.使用$?获取上个命令的退出状态
上一命令状态码: 0
9.使用$$获取当前Shell进程ID
当前Shell进程ID号: 5311
```

图 10-1　脚本参数使用

10.8　if 选择结构

Shell 脚本 if 判断一个条件时格式如下:

第 1 种写法:

```
if command
then
    echo 执行 then 里面的语句
fi
```

第 2 种写法:

```
if command; then
    commands
fi
```

197

以上语句的语义为：如果 if 后面的命令执行正常（状态码 0），那么执行 then 后面的语句，否则不执行。fi 代表 if 语句的结束。

上面两种写法的区别在于如果把 then 和 if 写到一行，则必须在 if［条件］后面用分号来标识，相当于表示前面一条语句结束。推荐使用第 2 种写法。

if 语句后面接的是命令，但其他编程语言中都是接返回布尔值（true，false）的表达式。

Shell 脚本中的 if 其实是根据紧跟后面的那个命令的退出状态码来判断是否执行 then 后面的语句。

关于退出状态码，只需记住正常退出（命令执行正常）的状态码是 0，非正常退出的状态码不是 0。

判断多个条件时格式如下：

（1）一个条件判断，分成功进行与失败进行（else）：

```
if［ 条件判断式 ］; then
    当条件判断式成立时，可以进行的命令工作内容；
else
    当条件判断式不成立时，可以进行的命令工作内容；
fi
```

（2）多个条件判断（if ... elif ... elif ... else）分多种不同情况执行：

```
if［ 条件判断式一 ］; then
    当条件判断式一成立时，可以进行的命令工作内容；
elif［ 条件判断式二 ］; then
    当条件判断式二成立时，可以进行的命令工作内容；
else
    当条件判断式一与二均不成立时，可以进行的命令工作内容；
fi
```

嵌套 if 语句结构如下：

```
if［ 条件判断式 ］; then
  if［ 条件判断式 ］; then
    当条件判断式成立时，可以进行的命令工作内容；
  else
    当条件判断式不成立时，可以进行的命令工作内容；
  fi
else
  if［ 条件判断式 ］; then
    当条件判断式成立时，可以进行的命令工作内容；
  else
    当条件判断式不成立时，可以进行的命令工作内容；
  fi
fi
```

范例 **10-16**：比较两个字符串是否相等。

```bash
#!/bin/bash
var1="test"
var2="Test"
if [ "$var1" ="$str2" ]    #常用这种写法
#上面的中括号也可以写成,if test "$var1" ="$str2"
then
  echo 相等
else
  echo 不相等
fi
```

范例 **10-17**：统计根分区使用率 rate. sh。

```bash
#!/bin/bash
#统计根分区使用率。注意,每个服务器根分区名字可能有所不同
#通过检索挂载点是 / 所在行分区记录信息
rate=$ (df -h | grep "/dev/mapper/rl-root" | awk '{print$5}' | cut -d "% " -
f1)
#把根分区使用率作为变量值赋予变量 rate
if [ $rate -ge 80 ];then
#判断 rate 的值如果大于或等于 80,则执行 then 程序
    echo "Warning!/dev/sda3 is full!!"
#打印警告信息。在实际工作中,也可以向管理员发送邮件
else
  echo "目前根分区使用率为百分之$ {rate},请放心使用"
fi
```

范例 **10-18**：简单备份 mysql 数据库 backup_mysql. sh

```bash
#!/bin/bash
#备份 mysql 数据库
date=$ (date +%y%m%d)
#把当前系统时间按照"年月日"格式赋予变量 date

if [ -d /tmp/dbbak ];then
#判断备份目录是否存在,是否为目录
  cd /tmp/dbbak
  #进入备份目录
  tar -zcf mysql-lib-$ date.tar.gz /var/lib/mysql &>  /dev/null
else
```

```
mkdir /tmp/dbbak
#如果判断为假,则建立备份目录
cd /tmp/dbbak
tar -zcf mysql-lib-$date.tar.gz /var/lib/mysql &>/dev/null
fi
```

10.9　多　分　支

case 条件语句相当于多分支的 if/elif/else 条件语句,但是比这些条件语句更规范、更工整,常应用于实现系统服务启动脚本。

在 case 条件语句中,程序会将 case 获取的变量的值与表达式部分的值 1、值 2、值 3 等逐个进行比较,如果获取的变量值和某个值(例如值 1)相匹配,就会执行值(例如值 1)后面对应的指令(例如指令 1,其可能是一组指令),直到执行到双分号(;;)才停止,然后跳出 case 语句主体,执行 case 语句(即 esac 字符)后面的其他命令。如果没有找到匹配变量的任何值,则执行"*)"后面的指令(通常是给使用者的使用提示),直到遇到双分号(;;)(此处的双分号可以省略)或 esac 结束,这部分相当于 if 多分支语句中最后的 else 语句部分。另外,case 语句中表达式对应值的部分,还可以使用管道等其他功能来匹配。

case 语句格式如下:

```
case "变量" in
模式 1)
    expression
    ;;
模式 2)
    expression
    ;;
模式 n)
    expression
    ;;
* )
    expression
esac
```

解析:case 是开始语句,esac 是结束语句,;;表示分支结束,模式 n)表示匹配分支,*则表示前面的都不匹配。

这个语法以 case 为开头,结尾就是将 case 的英文反过来写,就成为 esac 。另外,每一个变量内容的程序段最后都需要两个分号 (;;) 来代表该程序段的结束。为何需要有*这个变量内容在最后呢? 这是因为,如果使用者输入的不是变量内容,就可以通过相关提示信息进行匹配。

范例 10-19:模拟 CentOS 6 系统中用脚本管理服务启动结构程序。

程序代码:

```bash
#!/bin/bash
case "$1" in
    "start")
        #echo "starting" && exit 0
        echo "starting"
        ;;
    "stop")
        echo "stoping"
        ;;
    * )
        echo "不知道你要干啥"
        ;;
esac
echo "go on"
```

程序执行结果如图 10-2 所示。

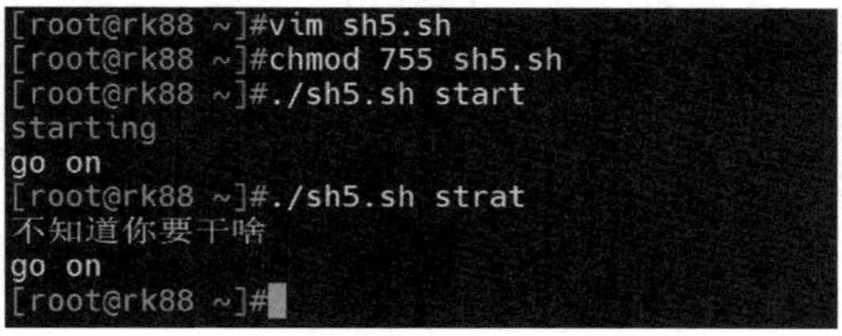

```
[root@rk88 ~]#vim sh5.sh
[root@rk88 ~]#chmod 755 sh5.sh
[root@rk88 ~]#./sh5.sh start
starting
go on
[root@rk88 ~]#./sh5.sh strat
不知道你要干啥
go on
[root@rk88 ~]#
```

图 10-2 case 语句执行结果

范例 10-20:sh6.sh 根据输入日期,判断是星期几。

```bash
#!/bin/bash
echo "请输入字符串日期(格式:yyyymmdd):"
read day_str

#date命令获取星期索引号,0是星期日,1—6是星期一到星期六
week_index='date -d ${day_str} +%w'

case ${week_index} in
  0)
   echo "日期: ${day_str},是星期日."
 ;;
  1)
   echo "日期: ${day_str},是星期一."
```

```
;;
2)
  echo "日期: ${day_str},是星期二."
;;
3)
  echo "日期: ${day_str},是星期三."
;;
4)
  echo "日期: ${day_str},是星期四."
;;
5)
  echo "日期: ${day_str},是星期五."
;;
6)
  echo "日期: ${day_str},是星期六."
;;
* )
echo "输入信息不正确."
;;
esac
```

10.10　Function

在 Shell 脚本中,可以有如下两种方式定义函数:

(1)带 function 关键字。

```
function fun1(){
    函数主体……
}
```

(2)不带 function 关键字。

```
fun2(){
    函数主体……
}
```

范例 10-21:定义一个函数计算两个数之和。

```
#!/bin/bash
#1.定义函数,使用 return 返回值
function sum(){
    echo '计算两数相加结果'
```

```
echo '输入第一个数字:'
read firstNum
echo '输入第二个数字:'
read secondNum
return $((${firstNum}+${secondNum}))
}

#2.调用函数 f1
sum
echo "sum 计算结果: $ ? "
```

范例 10-22:模拟 CentOS 7 以前系统服务中的服务脚本运行结构。

```
#!/bin/bash
start(){
    echo "this app is starting"

}
stop(){
    echo "This app is STOPING ,WARNING"
}

case "$1" in
    "start")

        start
        ;;
    "stop")
        stop
        ;;
    * )
        echo "不知道你要干啥"
        ;;
esac
echo "go on"
```

程序运行时需要加上参数 start 或者 stop
[root@rk88 ss]#./sh7.sh start

10.11 循　　环

10.11.1　for 循环

1. 常用格式

(1) 步长值格式: for(;;)。

```
for((expression1; expression2; expression3))
do
  command1
  command2
  ...
  commandN
done
```

(2) 遍历格式: for in。

```
for item in item1 item2 ... itemN
do
  command1
  command2
  ...
  commandN
done
```

2. 使用 for(;;) 遍历数组

范例 10-23: 使用 for(;;) 遍历数组 cityArray=("上海" "苏州" "杭州")

```
#!/bin/bash

#1.定义数组
cityArray=("上海" "苏州" "杭州")

#2.获取数组长度
lenth=${# cityArray[@]}

#3.使用 for 循环遍历数组
for ((i=0; i< lenth; i++))
do
  echo "第$((i+1))个城市名称: ${cityArray[i]}"
done
```

3. 使用 for in 遍历数组

范例 10-24：使用 for in 遍历数组 cityArray=("上海" "苏州" "杭州")

```
#!/bin/bash

#1.定义数组
cityArray=("上海" "苏州" "杭州")

#2.使用 for 循环遍历数组
for item in ${cityArray[@]}
do
    echo "城市名称：${item}"
done
```

4. 使用 for in 遍历命令执行结果[使用 $()方式]

范例 10-25：批量创建用户，文件中一行一个用户信息。

```
[root@rk88 ~]#vim users.txt
tom
jack
rose
mike
#注意一行一个用户信息，保存文件后退出

#脚本内容如下：

#!/bin/bash

#1.使用 for 循环遍历命令执行结果
for item in $(cat users.txt)
do
    echo "${item}"
done
[root@rk88 ~]#vim sh10.sh
[root@rk88 ~]#chmod 755 sh10.sh
[root@rk88 ~]#./sh10.sh
tom
jack
rose
mike
```

范例 **10-26**：批量添加指定数量的用户。

```
#!/bin/bash
#批量添加指定数量的用户
#让用户输入用户名,把输入保存入变量 name
read -p "Please input user name: " name
#让用户输入添加用户的数量,把输入保存入变量 num
read -p "Please input the number of users: " num
#让用户输入初始密码,把输入保存入变量 pass
read -p "Please input the password of users: " pass

#判断三个变量不为空
if [ ! -z "$name" -a ! -z "$num" -a ! -z "$pass" ];then
y=$(echo $num | sed 's/[0-9]//g')
#定义变量的值为后续命令的结果
#后续命令的作用是,把变量 num 的值替换为空。如果能替换为空,证明 num 的值为数字
#如果不能替换为空,证明 num 的值为非数字。使用这种方法判断变量 num 的值是否为数字
  if [ -z "$ y" ]
  #如果变量 y 的值为空,证明 num 变量是数字
    then
    for (( i=1 ; i<=$num; i=i+1 ))
    #循环 num 变量指定的次数
      do
      /usr/sbin/useradd $name$i &>/dev/null
      #添加用户,用户名为变量 name 的值加变量 i 的数字
      echo $pass | /usr/bin/passwd --stdin $name$i &>/dev/null
      #给用户设定初始密码为变量 pass 的值
      done
  fi
fi
```

注意：在实际应用中,这种情况通常还需要增加一个用户下次登录时必须修改密码的要求。

10.11.2 while 循环

1.常用格式

常用格式如下：

```
while [ condition ]      #中括号内的状态就是判断式
do                       #do 是循环的开始
```

```
done                    ♯done 是循环的结束

while COMMANDS          ♯命令测试判断式
do                      ♯循环的开始
COMMANDS                ♯循环体
done                    ♯循环的结束
```

范例 10-27：求 1~100 的累加和。

```
#!/bin/bash
s=0
i=0
while [ "$i" !="100" ]
do
  i=$[$i+1]
  s=$[$s+$i]
done
echo "The result of '1+2+3+···+100' is ==>$s"
[root@rk88 ~]#./sh11.sh
The result of '1+2+3+···+100' is ==>5050
[root@rk88 ~]#
```

范例 10-28：键盘输入 yes 或者 YES 停止运行程序。

```
源代码
#!/bin/bash
until [ "${yn}" =="yes" -o "${yn}" =="YES" ]
do
  read -p "Please input yes/YES to stop this program: " yn
done
echo "OK! you input the correct answer."
```

10.12 上机实践

（1）请编写一个 Shell 程序，要求实现输入成绩后可自行判断是否及格。大于或等于 60 时，则输出"及格了"；如果小于 60，则输出"不及格"。

（2）利用 case 语句当命令行，参数是 1 时，输出"周一"，是 2 时，就输出"周二"……直到周日。其他情况输出"other"。

（3）用 while 和 for 两种结构实现求 100 以内整数的累加和。

（4）批量创建用户脚本，参考下方提供的脚本内容，实现批量创建 20 个用户。程序说明如下。

手工创建一个用户信息文件,名称为 accouts. txt,要求和脚本文件放在同一个目录下,一行一个用户信息(可以使用 Excel 创建好,然后粘贴进去)。运行脚本,需要带 create 或 delete 参数,因为这个脚本还需要删除用户,即

    . /accountadmin. sh create

完成后,用户信息及密码文件保存在 userinfo. txt 中,这个文件也是在脚本所在的目录下。

参考脚本代码如下:

```
#!/bin/bash
action="$1"
if [ ! -f accounts.txt ]; then
  echo "There is no accounts.txt file, stop here."
       exit 1
fi
case "$action" in
  "create" )
    for username in $(cat accounts.txt)
    do
      useradd $username
      usepw=$(openssl rand -base64 6)    #密码变成随机8位
      echo $usepw | passwd --stdin $username
      echo "username=${username}, password=${usepw}">>userinfo.txt
      chage -d 0 ${username}
    done
    ;;
  "delete")
    for username in $(cat accounts.txt)
    do
      echo "deleting $username}"
      userdel -r ${username}
    done
    ;;
  * )
    echo "Usage: $0[create|delete]"
    ;;
esac
```

任务 11　进程管理及计划任务

◆ **任务描述**

本任务主要介绍进程的基本概念、进程的组成、进程管理工具的使用，并对程序进行任务计划方面的知识与技能讲解。

◆ **知识目标**

1. 了解程序与进程的区别与联系。
2. 熟悉进程的几种状态。
3. 熟悉进程管理的常用命令。
4. 熟悉任务计划的使用。

◆ **技能目标**

1. 具备查看进程运行状态的能力。
2. 具备使用进程管理命令对进程进行管理的能力。
3. 具备使用任务计划进行管理的能力。

◆ **素养目标**

1. Linux 系统中多个进程需协同工作，通过学习进程间的通信机制，学会在团队中有效沟通和协作，培养团队合作精神。
2. Linux 任务计划要求用户按照系统规则和时间安排任务，培养遵守规则和程序的意识。

11.1　进程的基本概念

进程是计算机系统中最重要的概念之一。在计算机系统中并行运行着大量的程序，这些程序不可能独占系统的全部资源，而是需要共享系统资源，所以这些程序在运行时会产生一定的竞争关系。在这种情况下，系统资源怎么分配？运行程序该如何管理？操作系统为了解决这一系列问题，引入了"进程"这一概念作为操作系统分配和管理系统资源的基本单位。所以进程的出现是为了让系统资源的利用更加合理，从而提高系统的运行效率。

定义进程，就不得不提到另一个概念"程序"。二者有什么关联和区别？进程是系统中的一次执行过程，从创建到分配资源到结束，是一个动态的执行过程；程序更像是一种静态的执行过程，程序是有限的命令集合，这些命令集合就是进程要去执行的内容。换言之，程序是进程在执行过程中所执行的活动，是一种行为规则，二者相辅相成。

11.2 进程的组成

从构造看,进程由三部分组成:进程控制块(Process Control Block,PCB)、有关程序段、操作数据集。其中,进程控制块中保存了进程的相关信息,它是标识和描述进程存在及其相关特性的数据块,是进程全部属性的集合。系统为每个进程都设置了一个 PCB,当创建一个进程时,系统首先创建其 PCB,然后根据 PCB 中的信息对进程实施有效的管理和控制。

Linux 系统中,每个进程都有唯一的进程标识符(Process ID,PID),PID 可作为进程唯一的身份认证信息,内核通过这个标识符来识别不同的进程,同时,进程标识符也是内核提供给用户程序的接口。PID 存放在进程描述符的 PID 域中,被顺序编号,每创建一个新进程,其 PID 通常是前一个进程 PID 加 1。

在 32 位系统上,PID 是 32 位无符号整数,允许的最大 PID 号为 32767($2^{15}-1$)。其中一个 PID(0)通常保留在“swapper”或“init”进程中,当内核在系统中创建第 32768 个进程时,就必须重启闲置的 PID 号。而在 64 位系统中,PID 的最大值远大于 32 位系统,具体的最大值取决于内核的配置和硬件支持,通常在百万级别。

11.3 进程的生命周期及进程状态

进程的生命周期通常从安装开始,到最终被用户卸载结束。在这个过程中,它会经历不同的阶段,包括引导、运行、维护和再次引导。

进程状态主要指的是进程在不同时刻所处的工作状态,分别如下。

(1)运行态:进程正在 CPU 上执行。

(2)就绪态:进程已经准备好,等待 CPU 分配时间片以执行。

(3)阻塞态:进程由于等待某些条件(如 I/O 操作完成)而暂停执行。

(4)新建态:进程刚刚被创建,但还未开始执行。

(5)终止态:进程执行完毕或因错误而终止,等待系统回收资源。

(6)睡眠态(S 状态):进程因等待某些条件满足而被挂起。

(7)磁盘睡眠态(D 状态):进程在等待磁盘操作完成时所处的状态。

(8)停止态(T 状态):通过某些信号或操作使进程暂停执行。

(9)暂停态(Z 状态):进程被暂停,通常用于调试或特殊需要。

(10)僵尸态(Z 状态):当进程终止后,如果其父进程没有正确回收该进程的资源,该进程就会进入僵尸态,等待操作系统或其父进程来处理。

11.4　静态查看进程

语法：ps［选项］

功能：查看当前进程运行中的一个快照模式。

常用选项：

a：显示一个终端的所有进程，会话引线除外。

u：显示进程的归属用户及内存的使用情况。

x：显示没有控制终端的进程。

-l：长格式显示更详细的信息。

-e：显示所有进程。

可以看到，ps 命令与众不同，它的部分选项不能加上"-"，比如命令"ps aux"，其中"aux"是选项，但是前面不能带"-"。

11.4.1　所有进程查看

范例 11-1：ps aux 命令查询所有进程信息，查看 CPU 内存占用率，如图 11-1 所示。

```
[root@rk88 ~]#ps aux | more
USER        PID %CPU %MEM    VSZ   RSS TTY      STAT START   TIME COMMAND
root          1  0.0  0.7 176120 14464 ?        Ss   08:24   0:03 /usr/lib/systemd/systemd --switched-root -
root          2  0.0  0.0      0     0 ?        S    08:24   0:00 [kthreadd]
root          3  0.0  0.0      0     0 ?        I<   08:24   0:00 [rcu_gp]
root          4  0.0  0.0      0     0 ?        I<   08:24   0:00 [rcu_par_gp]
root          5  0.0  0.0      0     0 ?        I<   08:24   0:00 [slub_flushwq]
root          7  0.0  0.0      0     0 ?        I<   08:24   0:00 [kworker/0:0H-events_highpri]
root         10  0.0  0.0      0     0 ?        I<   08:24   0:00 [mm_percpu_wq]
root         11  0.0  0.0      0     0 ?        I    08:24   0:00 [rcu_tasks_rude_]
```

图 11-1　ps aux 查看进程信息

进程字段含义如下。

USER：运行进程的用户。

PID：进程 ID（唯一，管理员可通过进程 ID 结束进程）。

％CPU：占用 CPU 情况。

％MEM：占用内存情况。

TTY：进程运行的终端。

STAT：进程状态。

START：进程启动的时间。

TIME：进程占用 CPU 的时间。

COMMAND：进程文件、进程名。

11.4.2　进程排序

语法：ps -aux --sort 列名

范例 11-2：以 CPU 占比情况排列（减号表示降序排列），结果如图 11-2 所示。

ps -aux --sort ％cpu

ps -aux --sort -％cpu

```
[root@rk88 ~]#ps -aux --sort %cpu | more
USER        PID %CPU %MEM   VSZ   RSS TTY      STAT START   TIME COMMAND
root          1  0.0  0.7 176120 14464 ?       Ss   08:24   0:03 /usr/lib/systemd/:
root          2  0.0  0.0     0     0 ?        S    08:24   0:00 [kthreadd]
root          3  0.0  0.0     0     0 ?        I<   08:24   0:00 [rcu_gp]
root          4  0.0  0.0     0     0 ?        I<   08:24   0:00 [rcu_par_gp]
root          5  0.0  0.0     0     0 ?        I<   08:24   0:00 [slub_flushwq]
root          7  0.0  0.0     0     0 ?        I<   08:24   0:00 [kworker/0:0H-even
root         10  0.0  0.0     0     0 ?        I<   08:24   0:00 [mm_percpu_wq]
root         11  0.0  0.0     0     0 ?        S    08:24   0:00 [rcu_tasks_rude_]
```

图 11-2　ps 显示结果按 CPU 占比排序

11.4.3　自定义显示字段数

语法:PS -AXO 字段名

范例 11-3:只显示 user、pid、ppid、%mem、command 这几个字段信息。

```
[root@rk88 ~]#ps axo user,pid,ppid,%mem,command | tail
```

11.5　显示进程信息,并包含进程关联的父进程

如果有程序无法结束运行,可以结束它的父进程从而结束该进程。

格式:PS -EF

常用选项:

-E:等价于 -A,表示列出全部的进程。

-F:显示全部的列(显示全字段)。

范例 11-4:显示全部进程的全部列的前面 10 个进程,结果如图 11-3 所示。

```
[root@rk88 ~]#ps -ef | head
UID         PID    PPID  C STIME TTY          TIME CMD
root          1       0  0 08:24 ?        00:00:03 /usr/lib/systemd/systemd --swit
root          2       0  0 08:24 ?        00:00:00 [kthreadd]
root          3       2  0 08:24 ?        00:00:00 [rcu_gp]
root          4       2  0 08:24 ?        00:00:00 [rcu_par_gp]
root          5       2  0 08:24 ?        00:00:00 [slub_flushwq]
root          7       2  0 08:24 ?        00:00:00 [kworker/0:0H-events_highpri]
root         10       2  0 08:24 ?        00:00:00 [mm_percpu_wq]
root         11       2  0 08:24 ?        00:00:00 [rcu_tasks_rude_]
root         12       2  0 08:24 ?        00:00:00 [rcu_tasks_trace]
```

图 11-3　PS -EF 查看进程

PPID 就是父进程 ID。

11.6　查看进程树状图

使用 pstree 命令来查看进程树状图。这个命令会显示当前运行的进程树,以及它们之间的父子关系。

格式：pstree［选项］

常用选项。

-p：进程号。

-u：程用户名。

范例 11-5：ps tree 查看进程树，如图 11-4 所示。

```
[root@rk88 ~]#pstree
systemd──ModemManager──2*[{ModemManager}]
        ├─NetworkManager──2*[{NetworkManager}]
        ├─VGAuthService
        ├─accounts-daemon──2*[{accounts-daemon}]
        ├─at-spi-bus-laun──dbus-daemon──{dbus-daemon}
        │                 └─3*[{at-spi-bus-laun}]
        ├─at-spi2-registr──2*[{at-spi2-registr}]
        ├─atd
        ├─auditd──sedispatch
        │        └─2*[{auditd}]
        ├─avahi-daemon──avahi-daemon
        ├─colord──2*[{colord}]
        ├─crond
        ├─cupsd
        └─2*[dbus-daemon──{dbus-daemon}]
```

图 11-4 pstree 查看进程树结果

范例 11-6：显示进程 PID，如图 11-5 所示。

```
[root@rk88 ~]#pstree -p
systemd(1)──ModemManager(1032)──{ModemManager}(1057)
           │                   └─{ModemManager}(1070)
           ├─NetworkManager(1172)──{NetworkManager}(1177)
           │                      └─{NetworkManager}(1178)
           ├─VGAuthService(961)
           ├─accounts-daemon(976)──{accounts-daemon}(986)
           │                      └─{accounts-daemon}(994)
           ├─at-spi-bus-laun(1807)──dbus-daemon(1812)──{dbus-daemon}(1813)
           │                       ├─{at-spi-bus-laun}(1808)
           │                       ├─{at-spi-bus-laun}(1809)
           │                       └─{at-spi-bus-laun}(1811)
           ├─at-spi2-registr(1815)──{at-spi2-registr}(1818)
           │                       └─{at-spi2-registr}(1819)
           ├─atd(1376)
           ├─auditd(932)──sedispatch(934)
           │             ├─{auditd}(933)
           │             └─{auditd}(935)
           ├─avahi-daemon(969)──avahi-daemon(1000)
           ├─colord(1938)──{colord}(1946)
           │              └─{colord}(1951)
```

图 11-5 利用选项-p 查看进程 PID

11.7 实时监控进程

功能：实时监控进程。

范例 11-7：利用 top 命令实时监控。

top 命令的输出如图 11-6 所示。

```
top - 14:25:07 up  6:00,  2 users,  load average: 0.00, 0.00, 0.00
Tasks: 277 total,   2 running, 275 sleeping,   0 stopped,   0 zombie
%Cpu(s):  5.9 us,  5.9 sy,  0.0 ni, 88.2 id,  0.0 wa,  0.0 hi,  0.0 si,  0.0 st
MiB Mem :  1939.2 total,   321.3 free,   695.8 used,   922.1 buff/cache
MiB Swap:  2068.0 total,  2064.5 free,     3.5 used.  1069.1 avail Mem

    PID USER      PR  NI    VIRT    RES    SHR S  %CPU  %MEM     TIME+ COMMAND
      1 root      20   0  176120  14464   9044 S   0.0   0.7   0:03.24 systemd
      2 root      20   0       0      0      0 S   0.0   0.0   0:00.01 kthreadd
      3 root       0 -20       0      0      0 I   0.0   0.0   0:00.00 rcu_gp
      4 root       0 -20       0      0      0 I   0.0   0.0   0:00.00 rcu_par_gp
      5 root       0 -20       0      0      0 I   0.0   0.0   0:00.00 slub_flushwq
      7 root       0 -20       0      0      0 I   0.0   0.0   0:00.00 kworker/0:0H-events_highpri
     10 root       0 -20       0      0      0 I   0.0   0.0   0:00.00 mm_percpu_wq
     11 root      20   0       0      0      0 S   0.0   0.0   0:00.00 rcu_tasks_rude_
     12 root      20   0       0      0      0 S   0.0   0.0   0:00.00 rcu_tasks_trace
     13 root      20   0       0      0      0 S   0.0   0.0   0:00.30 ksoftirqd/0
     14 root      20   0       0      0      0 R   0.0   0.0   0:00.18 rcu_sched
     15 root      rt   0       0      0      0 S   0.0   0.0   0:00.00 migration/0
     16 root      rt   0       0      0      0 S   0.0   0.0   0:00.00 watchdog/0
     17 root      20   0       0      0      0 S   0.0   0.0   0:00.00 cpuhp/0
     19 root      20   0       0      0      0 S   0.0   0.0   0:00.00 kdevtmpfs
     20 root       0 -20       0      0      0 I   0.0   0.0   0:00.00 netns
     21 root      20   0       0      0      0 S   0.0   0.0   0:00.00 kauditd
     22 root      20   0       0      0      0 S   0.0   0.0   0:00.01 khungtaskd
     23 root      20   0       0      0      0 S   0.0   0.0   0:00.00 oom_reaper
     24 root       0 -20       0      0      0 I   0.0   0.0   0:00.00 writeback
     25 root      20   0       0      0      0 S   0.0   0.0   0:00.00 kcompactd0
```

图 11-6　top 命令默认输出

第一行：系统运行时间和平均负载。

分别为当前时间，系统已运行时间，当前登录用户的数量，最近 5min、10min、15min 内的平均负载。

第二行：任务。

分别为任务的总数、运行中的(running)任务、休眠中的(sleeping)任务、停止的(stopped)任务、僵尸状态的(zombie)任务。

第三行：CPU 状态，如表 11-1 所示。

表 11-1　top 命令第三行 CPU 状态信息

字段	字段释义
us	user：运行(未调整优先级的)用户进程的 CPU 时间
sy	system：运行内核进程的 CPU 时间
ni	niced：运行已调整优先级的用户进程的 CPU 时间
id	idle：空闲时间
wa	IO wait：用于等待 IO 完成的 CPU 时间
hi	处理硬件中断的 CPU 时间
si	处理软件中断的 CPU 时间
st	这个虚拟机被 hypervisor"偷去"的 CPU 时间

第四行：内存全部可用内存、空闲内存、已使用内存、缓冲内存。

第五行：swap 全部、空闲、已使用和缓冲交换空间。

第七行至 N 行：各进程任务的的状态监控，各字段含义如表 11-2 所示。

表 11-2　进程任务状态信息

字段	释义
PID	进程 ID,进程的唯一标识符
USER	进程所有者的实际用户名
PR	进程的调度优先级
NI	进程的 nice 值(优先级)。越小的值意味着越高的优先级。负值表示高优先级,正值表示低优先级
VIRT	virtual memory usage 虚拟内存,即进程使用的虚拟内存,单位 KB。VIRT＝SWAP＋RES
RES	resident memory usage 常驻内存,驻留内存大小。是任务使用的非交换物理内存大小,即进程使用的、未被换出的物理内存大小,单位 KB。RES＝CODE＋DATA
SHR	SHR:shared memory 共享内存
S	进程的状态。它有以下不同的值: D:磁盘睡眠态; R:运行态; S:睡眠态; T:停止态; Z:僵尸态
%CPU	自上一次更新时现在任务所使用的 CPU 时间百分比
%MEM	进程使用的可用物理内存百分比
TIME＋	任务启动后到现在所使用的全部 CPU 时间,精确到百分之一秒
COMMAND	运行进程所使用的命令。进程名称(命令名/命令行)

top 使用交互命令帮助提示,如图 11-7 所示。

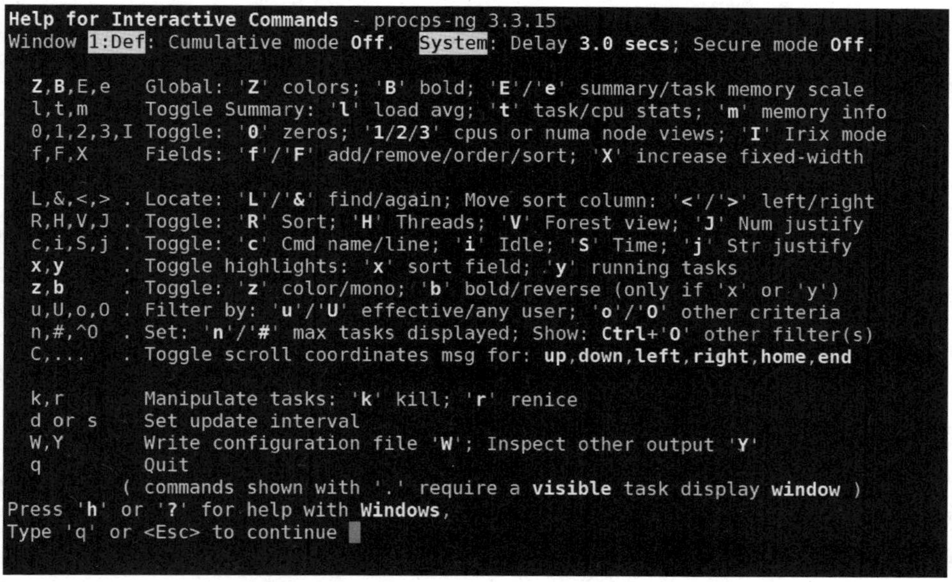

图 11-7　top 使用交互命令帮助提示

Z：改变颜色。

B：加粗。

t：显示和隐藏任务/CPU 信息。

m：内存信息。

1：监控每个逻辑 CPU 的状况。

f：进入字段显示配置模式，可增加或者移除显示字段，按相应的字母新增或去除。

o：进入字段顺序设置模式，可配置显示位置顺序，按相应的字母往下移动，按"Shift＋相应的字母"往上移动（常用）。

F：进入字段排序配置模式，可设置排序的字段。

R：正常排序/反向排序。

s：设置刷新的时间（常用）。

u：输入用户，显示用户的任务。

i：忽略闲置和僵死进程（开关式命令）。

r：重新安排一个进程的优先级别。系统提示用户输入需要改变的进程 PID 以及需要设置的进程的 nice 值（优先级）。输入一个正值将使优先级降低，反之则可以使该进程拥有更高的优先级。默认值是 10。

c：切换显示命令名称和完整命令行。

11.8　结　束　进　程

结束进程是进程管理中最不常用的手段。当需要停止服务时，可以通过正确关闭命令来停止（如 apache 服务可以通过 service httpd stop 命令来关闭）。只有在正确终止进程的手段失效的情况下，才会考虑使用 kill 命令"杀死"进程。

11.8.1　kill 命令

kill 通过进程 PID 来结束进程。

kill 命令很容易让人产生误解，以为它仅仅就是用来"杀死"进程的，但 kill 其实是向进程发送信号的命令。如果不给 kill 命令传递信号，它会默认将终止进程运行的信号传递给进程。

一般情况下，终止一个前台进程使用 Ctrl＋C 键就可以了。后台进程就得用 kill 命令来终止。先使用 ps、top 等命令获得进程的 PID，然后使用 kill 命令来结束该进程。

使用 kill -l 命令列出所有可用的信号。最常使用的信号是 1/9/15：

1（HUP）：重新加载进程。

9（KILL）：杀死进程。

15（TERM）：完美地停止一个进程。

使用信号 15 是安全的，而信号 9 则是处理异常进程的最后手段，这样结束的进程不会进行资源的清理工作，所以如果用它来终结 vim 的进程，就会发现临时文件 ＊.swp 没有被删除。

范例 11-8：用 kill 命令终结进程 PID 为 2480 的进程。

```
[root@rk88 ~]#kill -9 2480
```

11.8.2　killall 命令

killall 命令用于"杀死"进程,与 kill 不同的是,killall 会"杀死"指定名称的所有进程。kill 命令"杀死"指定进程 PID 时需要配合 ps 使用,而 killall 直接对进程名称进行操作,更加方便。

范例 11-9：结束所有的 mysql 进程。

```
[root@rk88 ~]#killall -9 mysql
```

11.8.3　pkill 命令

pkill 命令和 killall 命令的用法相同,都是通过进程名"杀死"一类进程,除此之外,pkill 还有一个更重要的功能,即按照终端号来踢出登录用户。其用法如下:

pkill mysql　　　　　　//结束 mysql 进程

pkill -u mark,danny //结束 mark,danny 用户的所有进程

w　 //#使用 w 命令查询本机已经登录的用户

pkill -9 -t pts/1 　//#强制结束从 pts/1 虚拟终端登录的进程

11.8.4　拓展命令

(1)pgrep 命令:专门显示进程的进程号,相当于:

ps -aux │ grep 进程名 │ grep -v grep│ awk '{print $2}'

(2)pidof 命令:显示进程的进程号,同 pgrep 命令。

(3)组合命令的使用:

pgrep mysql │ xargs kill -s 9

ps -ef │ grep mysql │ grep -v grep │ awk '{print $2}'│ xargs kill -9

kill -s 9 'pgrep mysql '

注意:管道实现的是将前面的输出 stdout 作为后面的输入 stdin,但是有些命令不接受管道的传递方式,例如 ls,这是因为有些命令希望管道传递过来的是参数,但是直接使用管道有时无法传递到命令的参数位。这时候就需要 xargs,xargs 将管道传递过来的 stdin 进行处理然后传递到命令的参数位上。

11.9　计 划 任 务

计划任务是一种用于在特定时间或条件下自动执行特定任务或程序的技术。在计算机中,计划任务通常指操作系统提供的一种机制,允许用户在未来特定的时间点或按照特定的时间间隔执行特定操作。这些操作可以是运行脚本、执行命令、启动程序等。

有两种计划任务模式:一种是例行性的;一种是突发性的。Linux 实现这两种计划任务模

式有两个命令:at 和 crontab。

　　at:可以处理仅执行一次就结束的命令,不过执行 at 命令时,必须要有 atd 这个服务的支持。

　　crontab:所设置的任务将会循环地一直执行下去,循环的时间为分钟、小时、周、月、年等。crontab 除了可以使用命令执行外,还可以编辑/etc/crontab 来支持,执行 crontab 需要 crond 这个服务支持。

　　Linux 系统上常见的例行性工作:

　　(1)系统日志管理:定期清理系统日志文件,以释放磁盘空间并确保系统正常运行。可以设置计划任务来定期执行日志文件的轮转和删除操作。

　　(2)数据备份:定期备份重要数据以防止数据意外丢失。可以设置定时任务来执行数据备份任务,例如使用 rsync 或 tar 命令等。

　　(3)定时重启:定期重启系统或重启特定服务,以提高系统稳定性和性能。

　　(4)清理临时文件:定期清理系统中的临时文件和缓存,以释放磁盘空间。

11.9.1　仅执行一次的计划任务

　　要执行任务,通常会使用 at 命令,并将任务以文本文件的形式写入/var/spool/at 目录,然后由 atd 服务来执行。at 命令用于创建计划任务,将任务排入计划表中等待执行。然而,并非所有用户都可以执行 at 计划任务。出于安全考虑,许多主机可能不允许所有用户使用 at 命令,因为恶意软件可能利用计划任务执行恶意操作或收集系统信息,并将其发送给黑客团体。为了对 at 命令进行管控,可以利用/etc/at.allow 和/etc/at.deny 这两个文件。这两个文件的作用如下。

　　首先查找/etc/at.allow 文件,只有在该文件中列出的用户才能使用 at 命令,未在其中列出的用户将无法使用 at 命令。

　　如果/etc/at.allow 文件不存在,则会查找/etc/at.deny 文件。在/etc/at.deny 中列出的用户将无法使用 at 命令,而在该文件中未列出的用户则可以使用 at。

　　在大多数 Linux 发行版中,假设默认系统上的所有用户都是可信任的,因此系统通常会保留一个空的/etc/at.deny 文件,允许所有用户使用 at 命令。但如果不希望某些用户使用 at 命令,只需在/etc/at.deny 中将其账户名单独列出即可,每个账户名占一行。

　　命令格式如下:

```
[root@www ~]#at [-mldv] TIME
[root@www ~]#at -c 工作号码
```

　　常用选项:

　　-m:当 at 的工作完成后,即使没有输出信息,也以 e-mail 的形式通知使用者该工作已完成。

　　-l:at -l 相当于 atq,列出目前系统上所有该使用者的 at 排程。

　　-d:at -d 相当于 atrm,可以取消一个在 at 排程中的工作。

　　-v:可以使用较明显的时间格式列出 at 排程中的工作列表。

　　-c:可以列出后面接的该项工作的实际命令内容。

　　TIME:时间格式,可以定义进行 at 这项工作的时间,格式如下:

HH:MM　　　　　　ex> 04:00

(1)在今日的某时刻进行,若已超过该时刻,则明天的该时刻进行此工作。

　　HH:MM YYYY-MM-DD　　　ex> 04:00 2009-03-17

(2)强制在某年某月的某一天的特殊时刻进行该工作。

　　HH:MM[am|pm] [Month] [Date]　　　ex> 04pm March 17

(3)强制在某年某月某日的某时刻进行。

　　HH:MM[am|pm] + number [minutes|hours|days|weeks]

ex> now + 5 minutesex> 04pm + 3 days

at 下达任务时的格式:

♯at 时间(回车)

>要执行的命令(回车)

>结束　　　(Ctrl+d)

范例 11-10:机房预计于 2024 年 10 月 18 日停电,想要在 2024 年 10 月 17 日 23:00 关机。

```
[root@www ~]#at 23:00 2024-10-17
at>  /bin/sync
at>  /sbin/shutdown -h now
at>  < EOT>
```

将上述任务内容列出来查看:

```
[root@rk88 ~]#at -c 1
```

结果如图 11-8 所示。

```
${SHELL:-/bin/sh} << 'marcinDELIMITER748d0622'
/bin/sync
/sbin/shutdown -h now

marcinDELIMITER748d0622
[root@rk88 ~]#
```

图 11-8　查看 job 1 的内容

若下达了 at 命令之后才发现命令输入错误,可以利用 atq 与 atrm 将其移除。

```
[root@rk88 ~]#atq　 #查询主机上所有计划任务
[root@rk88 ~]#atrm (jobnumber)
```

范例 11-11:查询目前主机上有多少 at 计划任务。

```
[root@rk88 ~]#atq
Thu Oct 17 23:00:00 2024 a root
```

执行结果如图 11-9 所示:

```
[root@rk88 ~]#atq
1       Thu Oct 17 23:00:00 2024 a root
[root@rk88 ~]#
```

图 11-9　atq 查看工作计划

范例 11-12:将上面第 1 号任务移除。

```
[root@rk88 ~]#atrm 1
[root@rk88 ~]#atq
```

结果如图 11-10 所示。

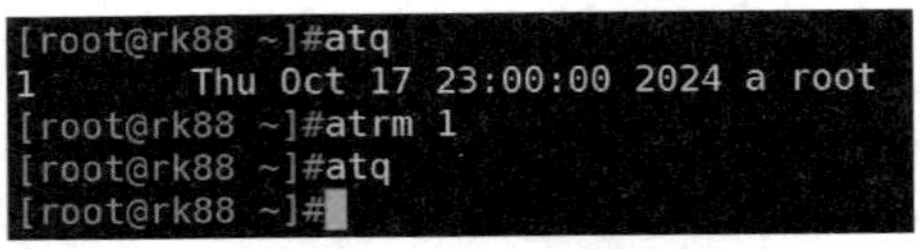

```
[root@rk88 ~]#atq
1        Thu Oct 17 23:00:00 2024 a root
[root@rk88 ~]#atrm 1
[root@rk88 ~]#atq
[root@rk88 ~]#
```

图 11-10　atrm 删除工作任务操作

11.9.2　循环的任务调度

使用者想要建立循环型工作进程时,使用 crontab 这个命令。不过,为了安全性,同样可以限制 crontab 的使用账号。使用的限制命令如下。

(1)/etc/cron. allow:

将可以使用 crontab 的账号写入其中,不在这个文件内的使用者则不可使用 crontab。

(2)/etc/cron. deny:

将不可以使用 crontab 的账号写入其中,未记录在这个文件中的使用者则可以使用 crontab。

同样的,以优先级来说,/etc/cron. allow 比/etc/cron. deny 优先,而判断时这两个文件只选择一个来限制,因此,建议只保留一个。一般来说,系统默认保留/etc/cron. deny,如果想要限制某使用者执行 crontab 命令,可以将其账号写入/etc/cron. deny 中,一个账号一行。

当使用者使用 crontab 命令建立工作排程之后,该项工作就会被记录到 /var/spool/cron/里,而且是以账号作为判别依据的。举例来说,某用户使用 crontab 命令后,他的工作会被记录到 /var/spool/cron/tom 里。但请注意,不要使用 vi 直接编辑该文件,因为可能由于语法输入错误导致无法执行 cron。另外,cron 执行的每一项工作都会被记录到/var/log/cron 这个登录档中,所以如果不知道 Linux 是否被植入木马,可以查找/var/log/cron 这个登录档。

crontab 的语法:

```
[root@rk88 ~]#crontab [-u username] [-|-e|-r]
```

常用选项:

-u:只有 root 才能执行这个任务,也就是帮其他使用者建立/删除 crontab 计划任务。

-e:编辑 crontab 的任务内容。

-l:查看 crontab 的计划内容。

-r:删除所有的 crontab 的任务内容,若仅删除一项,用-e 编辑。

范例 11-13:用 Tom 的身份每天 12:00 发信息给自己。

```
[root@rk88 ~]#crontab -e
no crontab for root - using an empty one
crontab: installing new crontab
[root@rk88 ~]#crontab -l
0 12 * * * mail -s "at 12:00" tom </home/tom/.bashrc
```

结果如图 11-11 所示。

```
[root@rk88 ~]#crontab -e
no crontab for root - using an empty one
crontab: installing new crontab
[root@rk88 ~]#crontab -l
0 12 * * * mail -s "at 12:00" tom < /home/tom/.bashrc
[root@rk88 ~]#
```

图 11-11　crontab 设置及查看循环任务

默认情况下，任何使用者只要不被列入/etc/cron.deny 中，就可以直接使用 crontab -e 去编辑自己的例行性命令，这时会进入 vim 的编辑界面，然后以一个工作任务一行来编辑，编辑完毕后输入 wq，储存后离开 vim 即可。每项工作（每行）的格式都是六个字段，这六个字段的意义如表 11-3 所示。

表 11-3　六个字段的意义

意义	分钟	小时	日期	月份	周	命令
数字范围	0～59	0～23	1～31	1～12	0～7	—

周的数字为 0 或 7 时，都代表星期天。另外还有一些辅助的字符，循环时间表示法特殊字符含义如表 11-4 所示。

表 11-4　循环时间表示法特殊字符含义

特殊字符	含义
*（星号）	代表任何时刻都接受。举例来说，日、月、周都是 *，就代表不论何月、何日的星期几的 12:00 都执行后续命令
,（逗号）	代表分隔时段。举例来说，如果要下达的工作时间是 3:00 与 6:00，就会是：0 3,6 * * * command
—（减号）	代表一段时间范围内。举例来说，8 点到 12 点之间的每小时的 20 分都进行一项工作，就会是：20 8-12 * * * command
/n（斜线）	n 代表数字，即每隔 n 个单位间隔的意思，例如每 5 分钟进行一次，则：*/5 * * * command

11.9.3　系统内置的任务调度

/etc/crontab 模板内容：

```
[root@rk88 ~]#cat /etc/crontab
SHELL=/bin/bash
PATH=/sbin:/bin:/usr/sbin:/usr/binMAILTO=root

#For details see man 4 crontabs

#Example of job definition:
#.---------------minute (0-59)
#|  .-------------hour (0-23)
```

```
#|   |   .----------day of month (1-31)
#|   |   |   .-------month (1-12) OR jan,feb,mar,apr ...
#|   |   |   |   .----day of week (0-6) (Sunday=0 or 7) OR sun,mon,tue,wed,thu,
fri,sat
#|   |   |   |   |
#*   *   *   *   *  user-name  command to be executed
#以下是一个 run-parts 模板内容,此内容在 RHEL 5 中有,RHEL 6 以后版本,下面内容默认
是没有的,读者根据需要添加
01   *   *   *   *   root      run-parts /etc/cron.hourly   #每小时
02   4   *   *   *   root      run-parts /etc/cron.daily    #每天
22   4   *   *   0   root      run-parts /etc/cron.weekly   #每周日
42   4   1   *   *   root      run-parts /etc/cron.monthly  #每个月 1 号
分  时  日  月  周  执行者身份命令串
```

最后一串命令是一个 bash script,可以使用 which run-parts 查找。如果直接进入/usr/bin/run-parts 查看,就会发现这个命令将执行后面接的目录内的所有文件。也就是说,如果想让系统每小时主动执行某个命令,则将该命令写成 script,并将该文件放置到 /etc/cron.hourly/ 目录下即可。

由于此处提供 script 辅助,因此/etc/crontab 文件里支持两种下达命令的方式,一种是直接下达命令,另一种则是以目录来规划,例如:

命令形态:

01 * * * * tom mail -s "testing" kiki ＜ /home/tom/test.txt

♯以 Tom 这个使用者的身份,每小时执行一次 mail 命令。

目录规划:

*/5 * * * * root run-parts /root/runcron

建立一个/root/runcron 的目录,将每隔 5min 执行的可执行档都写到该目录下, 就可以让系统每 5min 执行一次该目录下的所有可执行档。

另一个需要注意的地方是,可以分别以周或者日、月为单位作为循环,但不可使用"几月几号且为星期几"的模式。不可以这样编写一个工作任务:

30 12 11 9 5 root cmd1   ♯这是错误的写法

11.9.4 可唤醒停机期间的工作任务

如果 Linux 服务器有一个任务是需要在每周的星期天凌晨 2 点执行,但是很不巧星期六停电了,星期一才能去公司启动服务器。这时候就要靠 anacron 这个命令的功能了。这个命令可以主动执行时间到了却没有执行的计划任务。

anacron 并不是用来替代 crontab 的,它是为了处理 Linux 系统中由于系统关闭或其他原因而未被执行的任务。anacron 每小时由 crond 执行一次,检测系统中是否有超时未执行的任务,如果有,则会执行这些任务。它默认以 1 天、7 天和 1 个月为时间周期来检测未执行的

crontab 任务,适用于一些特殊环境,比如周末或假期系统关闭的情况。anacron 通过读取时间记录文件(timestamps)来了解系统的关机记录,比较当前时间和上次运行 anacron 的时间差异,以此判断是否有任务未被执行。如果发现差异,anacron 将开始执行那些未完成的 crontab 任务。这样,anacron 在确保计划任务顺利执行的同时,也避免了因系统关闭导致任务遗漏的情况。

11.10　上机实践

(1)利用 ps aux 查看系统运行的进程有哪些,找出 sshd 进程的 PID 号。

(2)用 top 命令查看系统进程的负载状态。

(3)利用 pstree -p 查看进程树。

(4)多打开一个终端,再打开 vim,利用 kill 命令结束刚才打开的 vim 进程。

(5)利用 at 命令写一个任务,计划 10min 后在用户主目录下创建一个文件 touch new. txt。编写好后,查看这个任务列表。

(6)循环调度。假定现在有一个备份/scripts/mysqlbak. sh 脚本,用于备份 mysql 数据库。需要在下面的时间去执行,写出任务调度,执行时间如下:

①每两个小时;

②每周日凌晨两点;

③每个月 1 日凌晨 4 点;

④每年的 10 月 1 日。

任务 12　启动流程及服务管理

◆ 任务描述

本任务主要介绍 RHEL 7 之前和以后两类系统不同的启动流程,包括 root 口令的重设,同时介绍系统服务的日常管理、启动、状态查看、重启等操作。

◆ 知识目标

1. 了解 CentOS 6 和 RHEL 7 之后版本的启动流程。
2. 熟悉启动流程中的重要环节。
3. 熟悉 GRUB。
4. 熟悉系统服务管理。

◆ 技能目标

1. 具备对 GRUB 启动时进行加载参数编辑的能力。
2. 具备修复 GRUB 启动管理器的能力。
3. 具备进入单用户重设置 root 口令的能力。
4. 具备管理系统服务启动、停止等操作的能力。

◆ 素养目标

1. 了解 Linux 系统启动流程的发展变化,学会运用辩证唯物主义的观点来看待事物的发展,形成科学的世界观。

2. systemd 初始化进程服务提升了开机速度,鼓励学生了解和参与科技创新,以推动国家科技进步和产业升级,响应创新驱动发展战略。

12.1　CentOS 6 的启动流程

CentOS 6 启动流程顺序:
(1) 加载 BIOS(基本输入输出系统);
(2) 读取 MBR(主引导记录);
(3) GRUB 引导;
(4) 加载 Kernel;
(5) 设定运行级别(init0~init6);
(6) 加载 rc. sysinit(Linux 系统初始化);

（7）加载内核模块；

（8）启动运行级别程序；

（9）读取 rc.local 文件；

（10）执行/bin/login 程序。

12.2 RHEL 7 及之后版本的启动流程

1. 硬件自检

当按下电源按钮时，计算机开始启动，首先进行硬件自检（Power-On Self-Test，POST），检查 CPU、内存、硬盘等硬件设备是否正常，确保计算机硬件能够正常工作。如果发现严重故障，则停机；对于非严重故障，则给出提示或声音报警信号。

2. BIOS/UEFI 初始化

BIOS/UEFI 接管：硬件自检通过后，BIOS 或 UEFI（统一可扩展固件接口）接管计算机的控制权。BIOS/UEFI 会读取启动顺序设置，确定从哪个设备（如硬盘、光驱、U 盘等）启动系统。BIOS 会将 MBR 的内容加载到内存中指定的区域，并准备执行其中的引导程序。

3. 引导加载

（1）加载引导程序：根据启动顺序，计算机会加载第一个含有引导程序的设备上的引导装载程序（如 GRUB）。GRUB 是 CentOS 中常用的引导装载程序，它负责加载 Linux 内核。

（2）读取配置文件：GRUB 会读取/boot 分区上的文件系统驱动，并读取相关的配置文件（如/etc/grub.d/、/etc/default/grub 和/boot/grub2/grub.cfg），这些配置文件定义了引导菜单、内核参数等重要信息。

4. 内核加载

（1）加载内核：GRUB 根据配置加载 Linux 内核文件（vmlinuz）和初始内存文件系统（initramfs 或 initrd）。

（2）内核初始化：内核开始初始化，探测可识别的硬件设备，加载硬件驱动程序（可能会借助 ramdisk 加载驱动）。内核还会以只读方式挂载根文件系统，并准备运行用户空间的第一个应用程序（在 CentOS 7 及之后版本中，systemd 是第一个进程）。

5. systemd 初始化

在 CentOS 7 中，systemd 作为系统的初始化进程和服务管理器，负责系统的初始化工作。systemd 会按照默认的 target 配置，依次启动各种系统服务和单元。例如，systemd 会先执行 initrd.target 来挂载/etc/fstab 中定义的文件系统，然后从 initramfs 根文件系统切换到磁盘根目录。接着，systemd 会执行默认 target 配置（通常是 graphical.target 或 multi－user.target），根据配置启动相应的系统服务和程序。

6. 用户登录

系统进入多用户模式，允许多个用户在登录界面输入用户名和密码进行登录。系统通过比对/etc/passwd 和/etc/shadow 文件中的信息来验证用户身份。

7. 用户环境初始化

验证通过后,系统会运行用户主目录下的初始化文件(如/. bashrc、/. bash_profile 等)。用户成功登录后,系统显示 bash 提示符,用户可以开始交互操作。

8. 系统运行

此时,系统已经成功启动并运行,用户可以通过命令行界面与系统交互,执行各种命令和应用程序。

12.3　RHEL 7 之前版本的服务管理方式

RHEL 7 之前的版本,服务的启动、停止等操作通过 Shell 脚本方式来进行。其服务的脚本放在/etc/rc. d/init. d/目录下,/etc/rc. d/init. d/ 这个目录中存放的是所有系统服务的脚本文件。

/etc/rc. d/rcx. d 是/etc/rc. d/init. d/对应的脚本链接文件,为了控制启动和关闭,这个链接文件名称在脚本前面加了指示字符。

如图 12-1 是 RHEL 7 之前的版本/etc/rc. d 目录下的结构及文件。

```
[root@centserver rc.d]# tree -L 1 .
.
├── init.d
├── rc
├── rc0.d
├── rc1.d
├── rc2.d
├── rc3.d
├── rc4.d
├── rc5.d
├── rc6.d
├── rc.local
└── rc.sysinit

8 directories, 3 files
[root@centserver rc.d]# ls -F
init.d/  rc*  rc0.d/  rc1.d/  rc2.d/  rc3.d/  rc4.d/  rc5.d/  rc6.d/  rc.local*  rc.sysinit*
[root@centserver rc.d]#
```

图 12-1　/etc/rc. d 目录中的内容

图 12-2 是/etc/rc. d/rc3. d 目录下的脚本软链接文件。

```
[root@centserver rc.d]# ls rc3.d
K01smartd           K74ntpd            S08ip6tables       S25netfs
K02oddjobd          K75ntpdate         S08iptables        S26acpid
K05wdaemon          K75quota_nld       S10network         S26haldaemon
K100kdump           K76ypbind          S11auditd          S26udev-post
K10psacct           K84wpa_supplicant  S11portreserve     S28autofs
K10saslauthd        K87restorecond     S12rsyslog         S55sshd
K15htcacheclean     K88sssd            S13cpuspeed        S57vmware-tools-thinprint
K15httpd            K89netconsole      S13irqbalance      S60vsftpd
K30spice-vdagentd   K89rdisc           S13rpcbind         S64mysqld
K35nmb              K92pppoe-server    S15mdmonitor       S80postfix
K35smb              K95firstboot       S22messagebus      S82abrt-ccpp
K50dnsmasq          K95rdma            S23NetworkManager  S82abrtd
K60nfs              K99rngd            S24nfslock         S90crond
K61nfs-rdma         S01sysstat         S24rpcgssd         S95atd
K69rpcsvcgssd       S02lvm2-monitor    S25blk-availability S99certmonger
K73winbind          S03vmware-tools    S25cups            S99local
[root@centserver rc.d]#
```

图 12-2　/etc/rc. d/rc3. d 目录下的脚本软链接文件

12.3.1　直接脚本方式管理服务

/etc/rc.d/init.d 是用于存放服务脚本的目录,服务名称和脚本名称相同。

通用的脚本运行方式是利用脚本直接来管理启动与重启,前面任务中学过脚本的运行及参数传入方式,这里的参数其实就是用来控制服务启动、停止等操作的。

格式如下:

/etc/rc.d/init.d/服务名称　｛ start｜stop｜restart｜status...｝

♯服务名称其实就是脚本文件名称

♯｛ start｜stop｜restart｜status...｝不是选项,是必须要写的操作之一,start 表示启动服务,stop 表示停止服务,restart 表示重启服务,status 表示查看服务状态。这个是作为脚本的 $1 参数传入的。

范例 12-1:以 Web 服务器的 httpd 服务为例演示服务管理,如图 12-3 所示。

```
[root@localhost ~]# /etc/rc.d/init.d/httpd restart
停止 httpd:                                              [确定]
启动 httpd:                                              [确定]
[root@localhost ~]#
```

图 12-3　以脚本方式启动 httpd 服务

12.3.2　service 命令方式管理服务

格式:service 服务名称 ｛ start｜stop｜restart｜status...｝

service 服务名称就是在/etc/rc.d/init.d/目录中的脚本名称,这个命令相当于封装了一次,从而让操作上看起来更人性化。

范例 12-2:通过 service 控制 httpd 启动和重启命令。

```
#service  httpd  start
#service  httpd  restart
```

12.3.3　配置开机启动 chkconfig 命令

以上方式只是对服务运行状态的管理,并不能管理开机启动。开机启动控制服务常用的命令是 chkconfig。

命令格式:

♯chkconfig　--list　服务名称♯查看服务开机设置

♯chkconfig　--list　♯查看系统中所有服务开机设置

♯chkconfig　服务名称　on｜off

范例 12-3:配置 httpd 服务开机启动,如图 12-4 所示:

```
[root@localhost ~]# chkconfig --list httpd
httpd          0:关闭  1:关闭  2:关闭  3:关闭  4:关闭  5:关闭  6:关闭
[root@localhost ~]# chkconfig httpd on
[root@localhost ~]# chkconfig --list httpd
httpd          0:关闭  1:关闭  2:启用  3:启用  4:启用  5:启用  6:关闭
[root@localhost ~]#
```

图 12-4　查看 httpd 服务状态并配置开机启动

也可以使用 setup、ntsysv 的图形界面方式配置开机启动命令，＊号表示开机启动，没有则表示开机不启动。

12.4　RHEL 7 及之后版本的 systemd

12.4.1　systemd 简介

systemd 是系统启动和服务器守护进程管理器，负责在系统启动或运行时激活系统资源、服务器进程和其他进程，字母 d 是守护进程（daemon）的缩写，systemd 这个名字的含义就是守护整个系统。

12.4.2　systemd 核心概念

（1）unit：表示不同类型的 sytemd 对象，通过配置文件进行标识和配置，文件中主要包含系统服务、监听 socket、保存的系统快照以及其他与 init 相关的信息。

（2）配置文件所在目录：

①/usr/lib/systemd/system：每个服务最主要的启动脚本设置，类似于之前的/etc/rc.d/init.d。

②/run/system/system：系统执行过程中所产生的服务脚本，比目录①优先运行。

③/etc/system/system：管理员建立的执行脚本，类似于/etc/rc.d/rcN.d/Sxx，在三者之中，此目录优先级最高。

12.4.3　systemd 特性

（1）系统引导实现服务并启动；

（2）按需启动守护进程；

（3）自动化的服务依赖关系管理；

（4）同时采用 socket 式与 D-Bus 总线式激活服务；

（5）系统状态快照和恢复；

（6）利用 Linux 的 cgroups 监视进程；

（7）维护挂载点和自动挂载点；

（8）各服务间基于依赖关系进行精密控制。

12.4.4　systemd 初始化进程

Linux 操作系统的开机从 BIOS 开始，然后进入 Boot Loader，再加载系统内核，然后内核进行初始化，最后启动初始化进程。初始化进程作为 Linux 系统的第一个进程，需要完成 Linux 系统中相关的初始化工作，为用户提供合适的工作环境。RHEL 7 系统已经替换掉了熟悉的初始化进程服务 System V init，正式采用全新的 systemd 初始化进程服务。systemd 初始化进程服务采用了并发启动机制，开机速度得到了提升。

RHEL 7 系统选择 systemd 初始化进程服务,没有"运行级别"这个概念,Linux 系统在启动时要进行大量的初始化工作,比如挂载文件系统和交换分区、启动各类进程服务等,这些都可以看作一个个的单元(unit),systemd 用目标(target)代替了 System V init 中运行级别的概念,如表 12-1 所示。

表 12-1   systemd 与 System V init 的对应关系

System V init 运行级别	systemd 目标名称	systemd 的作用
0	runlevel0. target, poweroff. target	关机
1	runlevel1. target, rescue. target	单用户模式
2	runlevel2. target, multi-user. target	等同于级别 3
3	runlevel3. target, multi-user. target	多用户的文本界面
4	runlevel4. target, multi-user. target	等同于级别 3
5	runlevel5. target, graphical. target	多用户的图形界面
6	runlevel6. target, reboot. target	重启
emergency	emergency. target	紧急 Shell

(1)查看当前运行目标名称(模式):

```
[root@rk88 ~]#systemctl get-default
graphical.target
```

(2)修改启动时的目标模式。

格式:systemctl set-default TARGET. target

如果想要修改为开机进入 multi-user. target 目标,则执行以下命令:

```
[root@rk88 ~]#systemctl set-default multi-user.target
Removed /etc/systemd/system/default.target.
Created symlink /etc/systemd/system/default.target →
/usr/lib/systemd/system/multi-user.target.
[root@rk88 ~]#
```

12.4.5 systemctl 管理服务

systemctl 管理命令如表 12-2 和表 12-3 所示。

表 12-2   systemctl 管理服务常用命令

System V init 命令(RHEL 6)	systemctl 命令(RHEL 7 及之后版本)	作用
service httpd start	systemctl starthttpd . service	启动服务
service httpd restart	systemctl restarthttpd . service	重启服务
service httpd stop	systemctl stophttpd . service	停止服务
service httpd reload	systemctl reloadhttpd . service	重新加载配置文件(不终止服务)
service httpd status	systemctl statushttpd . service	查看服务状态

表 12-3　systemctl 设置服务开机常用命令

System V init 命令（RHEL 6）	systemctl 命令（RHEL 7 及之后版本）	作用
chkconfighttpd on	systemctl enablehttpd . service	开机自动启动
chkconfighttpd off	systemctl disablehttpd . service	开机不自动启动
chkconfighttpd	systemctl is-enabledhttpd . service	查看特定服务是否为开机自动启动
chkconfig --list	systemctl list-unit-files --type = service	查看各个级别下服务的启动与禁用情况

12.5　root 密码的重设

root 密码的重设是在 GRUB 没有设置密码的条件下的操作，如果 GRUB 被设置了密码，则需要使用安装光盘进入 resuce 模式，重装 GRUB。

12.5.1　破解 RHEL 6 系列 root 口令

范例 12-4：破解 CentOS 6.8 的 root 口令

开机时，进入 GRUB，找到 kernel 所在参数行，如图 12-5 所示。

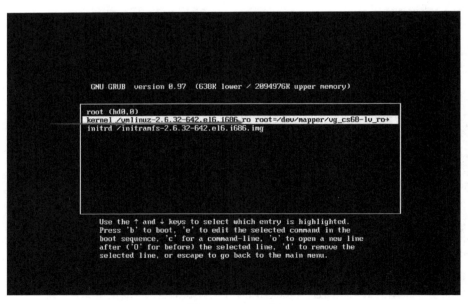

图 12-5　kernel 行

选中 kernel 行，按 e 键进入图 12-6，在 quiet 后输入空格和数字 1。然后按回车键，再按 b 键启动。启动后直接修改 root 密码，如图 12-7 所示。

修改后的结果如图 12-8 所示。

[Minimal BASH-like line editing is supported. For the first word, TAB
lists possible command completions. Anywhere else TAB lists the possible
completions of a device/filename. ESC at any time cancels. ENTER
at any time accepts your changes.]
<rashkernel=128M rd_LVM_LV=vg_cs68/lv_root rd_NO_DM rhgb quiet 1

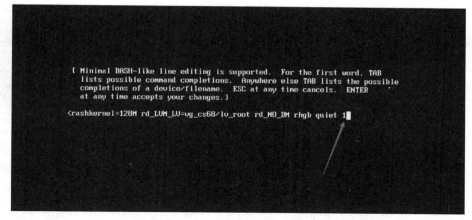

图 12-6 在此行最后添加空格和数字 1

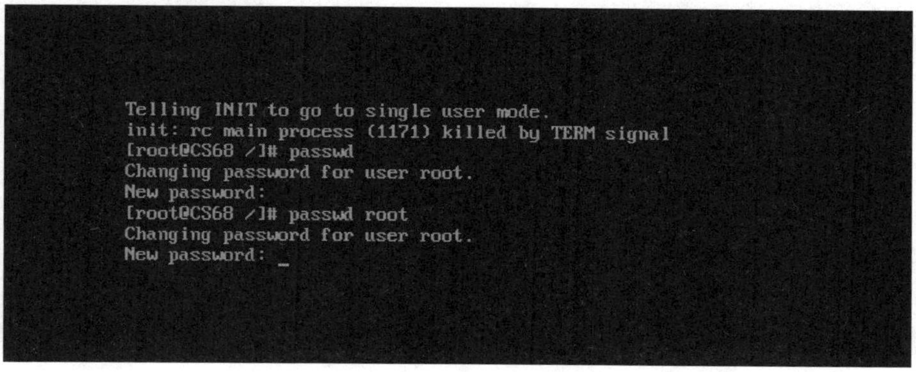

Telling INIT to go to single user mode.
init: rc main process (1171) killed by TERM signal
[root@CS68 /]# passwd
Changing password for user root.
New password:
[root@CS68 /]# passwd root
Changing password for user root.
New password: _

图 12-7 修改 root 密码

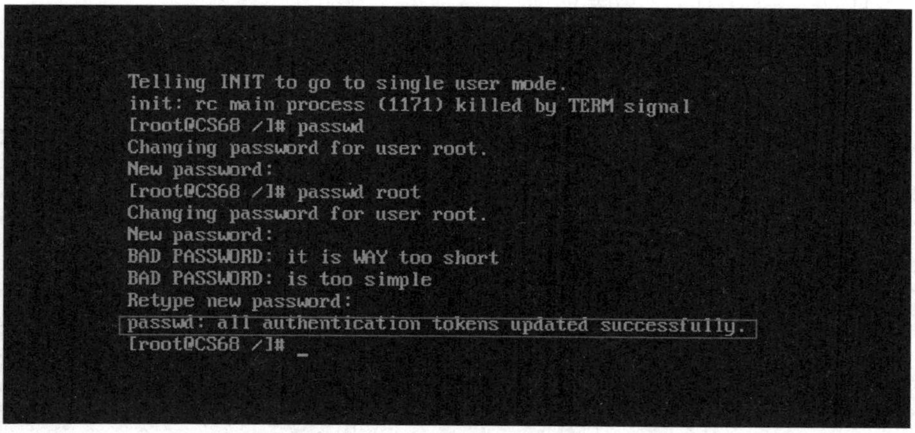

Telling INIT to go to single user mode.
init: rc main process (1171) killed by TERM signal
[root@CS68 /]# passwd
Changing password for user root.
New password:
[root@CS68 /]# passwd root
Changing password for user root.
New password:
BAD PASSWORD: it is WAY too short
BAD PASSWORD: is too simple
Retype new password:
passwd: all authentication tokens updated successfully.
[root@CS68 /]# _

图 12-8 修改成功后的提示

12.5.2 破解 RHEL 7 和 RHEL 8 系列的 root 密码

范例 12-5:破解 RHEL 7 和 RHEL 8 的 root 密码

按任意键暂停启动，按 e 键进入编辑模式，如图 12-9 所示。

图 12-9　RHEL 7 任意键暂停后定位到第一行

将光标移动至内核所在行，即/vmlinuz-version 所在行，在末尾添加内核参数，CentOS 7 系列需要按光标向下寻找这一行，在此行后输入空格 rd.break，按 Ctrl＋x 键启动，如图 12-10 所示。

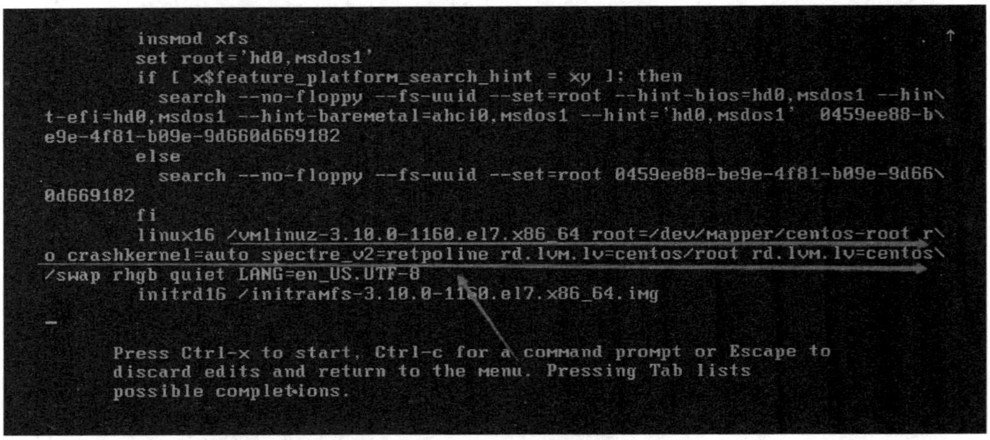

图 12-10　/vmlinuz-version 所在行

因为 RHEL 8 和 RHEL 7 略有区别，下面列出区别的部分内容。

Rocky Linux 8 从 GRUB 界面进入后，找到 vmlinuz-version 所在行即可，如图 12-11 所示，这和 RHEL 7 略有区别，找到此行后，在此行后输入空格 rd.break ，按 Ctrl＋x 键启动。

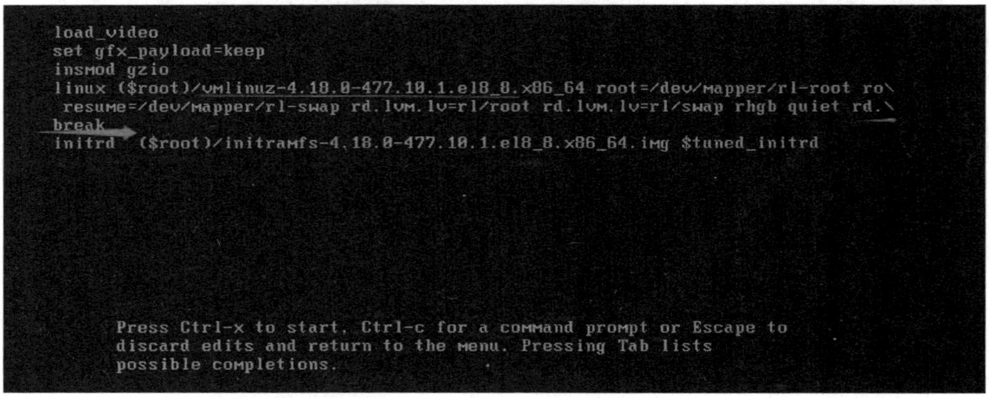

图 12-11　Rocky Linux 8 vmlinuz-version 所在行

以下操作在 RHEL 7 和 RHEL 8 中是相同的。

重启成功后,执行下面几条命令

```
#mount -o remount,rw /sysroot    /*重新挂载根文件系统*/
#chroot /sysroot      /*切根文件系统*/
#passwd root           /*重设 root 密码*/
#如果 SELinux 是启动的,才需要执行下面操作,如果没有启动,则不需要执行
#touch /.autorelabel    /*如果没有启动 SELinux,执行了这一句也不影响启动,但是如
果启动了 SELinux 而不执行这一句,就启动不了系统*/
#exit
#reboot
```

12.6　上 机 实 践

(1)利用 vim 打开/etc/inittab 文件,查看文件内容。

(2)查看系统的默认运行级别,并设置系统启动时进入多用户命令模式。

(3)利用 systemctl 命令查看 httpd. service 运行状态,设置开机启动服务。

(4)利用单用户模式重新设置 Rocky Linux 8 的 root 密码。

参 考 文 献

［1］刘遄.Linux 就该这么学［M］.2 版.北京:人民邮电出版社,2021.

［2］鸟哥.鸟哥的 Linux 私房菜 基础学习篇［M］.4 版.北京:人民邮电出版社,2018.

［3］姜大庆,邓荣,周建.Linux 系统与网络管理［M］.4 版.北京:中国铁道出版社,2021.

［4］石坤泉,张宗福.Linux 操作系统［M］.北京:电子工业出版社,2022.

［5］张晶.Linux 系统管理与服务配置［M］.北京:电子工业出版社,2022.